U0782080

轻松读懂高科技

第四辑

南方科技大学　组织编写

ENCYCLOPEDIA FOR HIGH-TECH WHYS

SPM 南方出版传媒
广东科技出版社｜全国优秀出版社
·广　州·

图书在版编目（CIP）数据

轻松读懂高科技. 第四辑 / 南方科技大学组织编写. —广州：广东科技出版社，2025.2

ISBN 978-7-5359-8286-5

Ⅰ. ①轻… Ⅱ. ①南… Ⅲ. ①高技术—普及读物 Ⅳ. ①TB-49

中国国家版本馆CIP数据核字（2024）第021014号

轻松读懂高科技　第四辑

QINGSONG DUDONG GAOKEJI DI-SI JI

出 版 人：严奉强
选题策划：严奉强　刘　耕
责任编辑：刘锦业　彭逸伦
封面设计：刘　萌
责任校对：邵凌霞
责任印制：彭海波
出版发行：广东科技出版社
（广州市环市东路水荫路11号　邮政编码：510075）
销售热线：020-37607413
https://www.gdstp.com.cn
E-mail：gdkjbw@nfcb.com.cn
经　　销：广东新华发行集团股份有限公司
排　　版：创溢文化
印　　刷：广州市岭美文化科技有限公司
（广州市荔湾区花地大道南海南工商贸易区A幢　邮政编码：510385）
规　　格：787 mm × 1 092 mm　1/16　印张14.5　字数290千
版　　次：2025年2月第1版
2025年2月第1次印刷
定　　价：98.00元

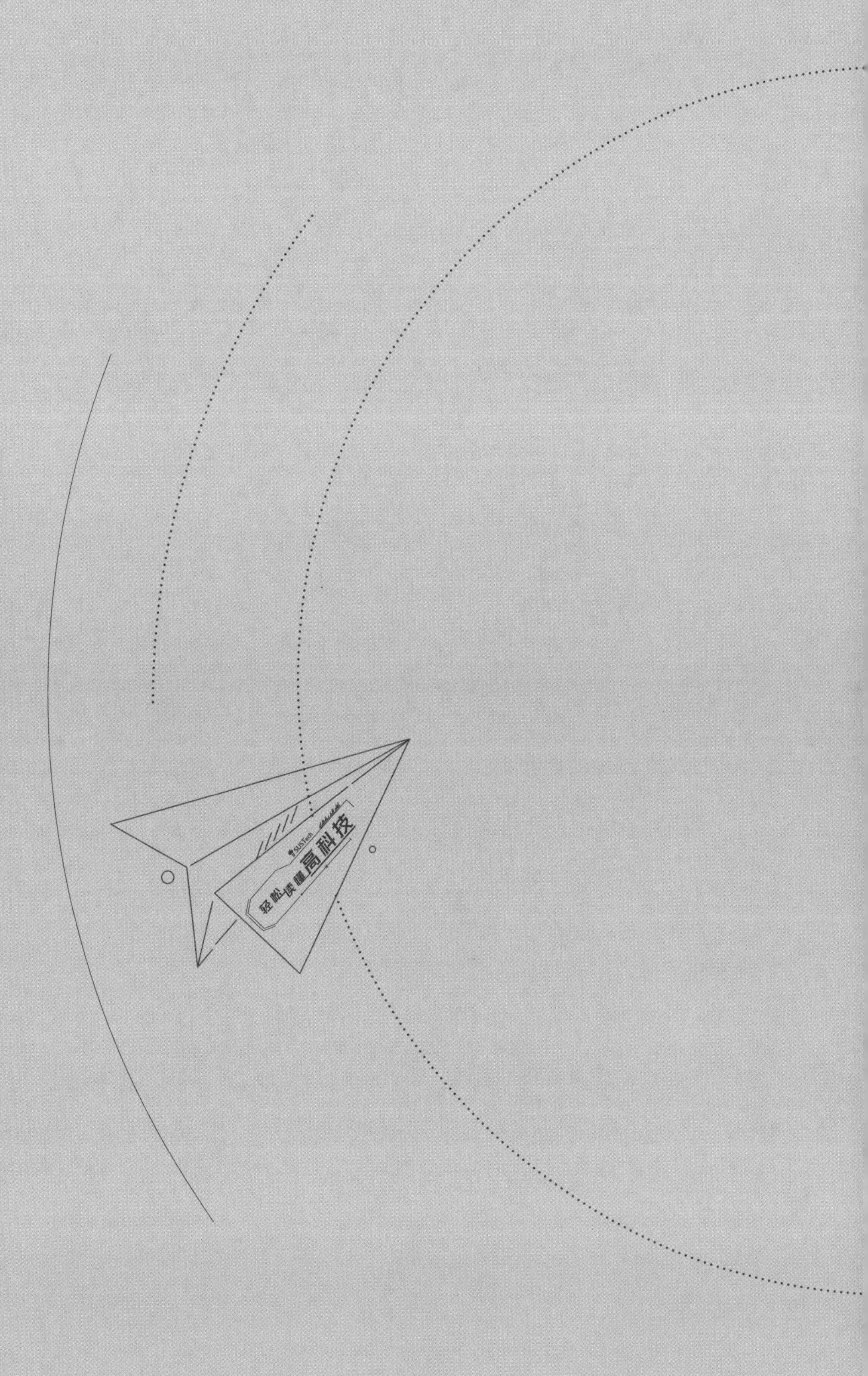
SUSTech
轻松读懂高科技

编委会

总 策 划：薛其坤

主　　编：刘青松　陈跃红

编写人员（按姓氏音序排列）：

白紫千　包　锐　陈俊廷　陈子豪　褚梦凡　丛龙庆
高　倩　高　媛　郭红卫　郭亦岳　何　川　何佳清
何思聪　贺　号　侯艳明　胡虹慈　化梦媛　黄林峰
黄文华　黄筱雯　贾宝海　来星凡　雷晓华　雷宇鹏
李鹏春　李尚阳　李梓岳　利时雨　林苑菁　刘　凡
刘奂奂　刘　绪　陆　为　罗　金　骆文滔　潘宏信
彭　滔　曲建飞　饶　枫　桑　田　沈　平　宋泽伟
孙瑞雪　索红日　谭明奎　唐　茗　王金龙　王鹏程
王　琦　王　晓　王晓东　王雪纯　王宇祺　温　兴
吴　姝　武玉娇　肖　龙　肖伊鸿　邢宏阳　杨　阳
袁伟杰　张克成　章　玮　赵健楠　赵骏磊　赵明辉
赵思宇　赵　燕　曾　臣　曾振中　郑　越　周洪齐
周　璐

特约编辑：冯爱琴

绘　　图（按姓氏音序排列）：

陈　悦　刘　畅　王　林　薛毅恒　张依林

SUSTech
轻松读懂高科技

Foreword

前　言

毫无疑问，21世纪是高科技的时代，人们对科技历史的追溯从一个世纪缩短为十年甚至更短。高科技之“高”表现为“惊为天人”，创造出许多过去只存在于想象中的奇迹；高科技发展之“快”用“日新月异”已不足以表达，有些领域甚至是“秒刷”。那么，高科技到底是什么？高科技离我们的日常生活究竟有多近？应该如何认识高科技、学习高科技、发展高科技？……关于高科技，我们有许多的疑问需要去解答。为此，南方科技大学的教授们走在前列，一边尽力研究高科技，一边为高科技“开课”。《轻松读懂高科技》由此而生。

大学是进行科学研究的重要场所，也是知识创新的始发地与聚集地，具有传播科学的职责和优势，创建于中国高等教育改革发展背景下的南方科技大学尤其如此。南方科技大学的发展愿景是建成以理、工、医为主，兼具商科和特色人文社会学科的世界一流研究型大学，成为引领和促进社会发展的思想库和新知识、新技术的源泉。目前，学校已初步构建了理学院、工学院、医学院、生命科学学院、商学院、人文社会科学学院、创新创意设计学院和创新创业学院的办学框架，形成了“数理化天地生”的基础学系，以及一批以材料、电子、计算机、航空、环境、海洋为代表的应用交叉学系。学校建立了深圳首个以诺贝尔奖得主命名的研究院——格拉布斯研究院，还有深圳国家应用数学中心、杰曼诺夫数学中心、斯发基斯可信自主系统研究院、前沿与交叉科学研究院、量子科学与工程研究院、未来网络研究院、空天动力研究院等科研机构，同时布局了较高水平的冷冻电镜实验室，在大数据、人工智能、海洋工程、能源环境、生物医学、医疗新材料等高科技领域不断创造新技术成果。

南方科技大学校长、中国科学院院士薛其坤经常强调，科技对于一个国家的实力提升、经济的快速发展非常重要。中国科学家是开放的、有使命感的，有能力为世界科技的发展和人类文明贡献力量。30年之后，中国科研的主力军一定是现在的青少年朋友们。地处高科技前沿城市的南方科技大学，带着深圳的创新基因，不仅“创知、创新”，而且“创业”，聚焦社会发展实际需求，努力促使科研知识转化为现实的生产力，并通过各种形式普及和传播科技知识，力求在“高冷”的高科技知识和普罗大众的日常生活之间架起桥梁。南方科技大学的“教授科普团”活跃于市民文化大讲堂和全国的大学、中学、小学，科技考古、科技伦理、科学传播成为学校“新文科”发展的重要方向。此外，学校正积极筹建面向未来的科技博物馆，创办弘扬科学文化的学术刊物……出版这套丛书，正是学校大力推广科技文化的重要举措。

如今，文化引领已成为除人才培养、科技创新、社会服务之外，现代大学的主要职能之一。中国科学院院士、南方科技大学原校长陈十一认为，南方科技大学应聚焦需求，为国家的创新做贡献，顺应深圳现代化、国际化的趋势。南方科技大学教授会、宣传与公共关系部联合发起编撰的《轻松读懂高科技》，由一批年轻的海归教授主笔，结合当代科技发展前沿，以最新的科研成果为基础，为广大学生、科技爱好者提供一个认识高科技、了解高科技的平台，传播科技文化知识，促进科技创新，为我国建设科技强国尽绵薄之力。这也正是南方科技大学履行其社会职能的方式之一。

这套丛书也是南方科技大学师生通力协作的成果。教授们提出选题方向，学生们参与收集资料，学生社团的校友们还为本书专门绘制了精美的图片。教授们撰写初稿后，在学生中征求意见、听取反馈。这一教学相长、师生互动的过程，本身就体现了一种科学精神和现代传播理念，值得大力弘扬。丛书出版后，反响热烈，深圳乃至全国其他高校和科研院所的科技工作者们也纷纷加入编写团队，我们希望这支科普队伍越来越壮大。

我们衷心期待，随着时代发展和科技进步，不断创新内容和传播方式，将《轻松读懂高科技》丛书打造成传播科学精神、构建科技文化的品牌。

南方科技大学科普丛书编委会
2024年8月

Contents

目　录

01 科技热点篇

Hot Topics in Science and Technology

02 电子与信息篇

Electronics and Information

03 材料与物理篇

Materials and Physics

04 生物与科技篇

Biology and Technology

05 地球与环境篇

Earth and Environment

SUSTech
轻松读懂高科技

科技热点篇

Hot Topics in Science and Technology

01

人类为什么要在太空开展干细胞研究

○雷晓华

众所周知，生活在地球上的生物（包括人类）无时无刻不受到地球重力的影响。随着航天科技的发展，人类对外太空的探索逐渐增多，太空环境会给宇航员的身体健康带来什么样的影响呢？

研究表明，当人体处在太空失重的环境中，机体的多项生理机能会发生变化[1]，包括骨质流失、肌肉萎缩、心血管能力减退、免疫功能下降、认知功能障碍以及伤口延迟愈合等（图1–1）。尽管我们知道了太空微重力环境会对机体的组织和器官产生影响，但是仍然不清楚微重力影响机体的作用机制。

细胞被认为是生命最基本的单位，它构成了我们的组织和器官。研究细胞有助于探讨生物个体的微观状态，了解不同生物体的构成。另外，研究细胞能帮助我们认识生物的生长和发育规律，以便找到方法来对抗疾病和衰老，修复机体损伤，甚至实现永生。研究发现，人体各组织和器官中都存在特定的干细胞群，而这些干细胞正是组织再生、损伤修复的关键要素。

那么，什么是干细胞，干细胞又具有哪些特征呢？顾名思义，“干”类似于树的树干、茎干，也像是一条路的中心，包含“起源”和“主干”之意。干细胞具有两个最显著的特征：第一，具有自我增殖的

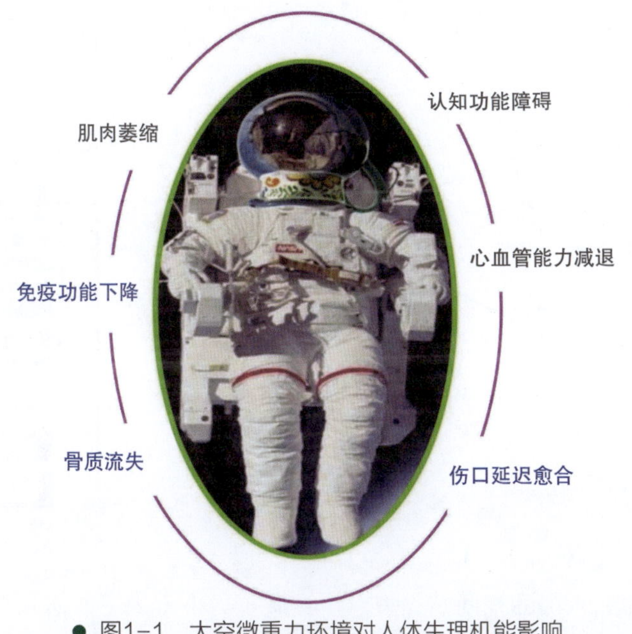

● 图1-1　太空微重力环境对人体生理机能影响

能力，即在特定的培养条件下能够无限制地增殖；第二，干细胞具有分化能力，即根据需要可以“变身”成为不同类型的功能细胞。从早期胚胎发育的囊胚中分离而来的干细胞被称为“胚胎干细胞”，从不同的组织器官中分离出组织特异性的干细胞被称为“成体干细胞”。2006年，日本科学家山中伸弥将4个外源重编程因子导入小鼠胚胎成纤维细胞后，该细胞成功转化为一种新干细胞——诱导多能干（iPS）细胞[2]。iPS细胞具有和胚胎干细胞类似的功能，被称为多能干细胞，理论上具备无限增殖能力和几乎可分化成所有类型细胞的分化潜能（图1–2）。

太空微重力环境的特性为研究细胞的增殖和分化机制提供了一种独特的条件。近年来，干细胞太空培养已逐渐成为国内外研究热点。美国国家科学研究委员会（United States National Research Council）在21世纪初提出的21世纪空间生命科学研究重点项目就包括认识微重力对细胞生长和组织形成影响的基本规律。随后，美国国家航空航天局（National Aeronautics and Space Administration，NASA）启动了一系列“空间组织缺失与干细胞再生”项目。其目的是将地面培养的各

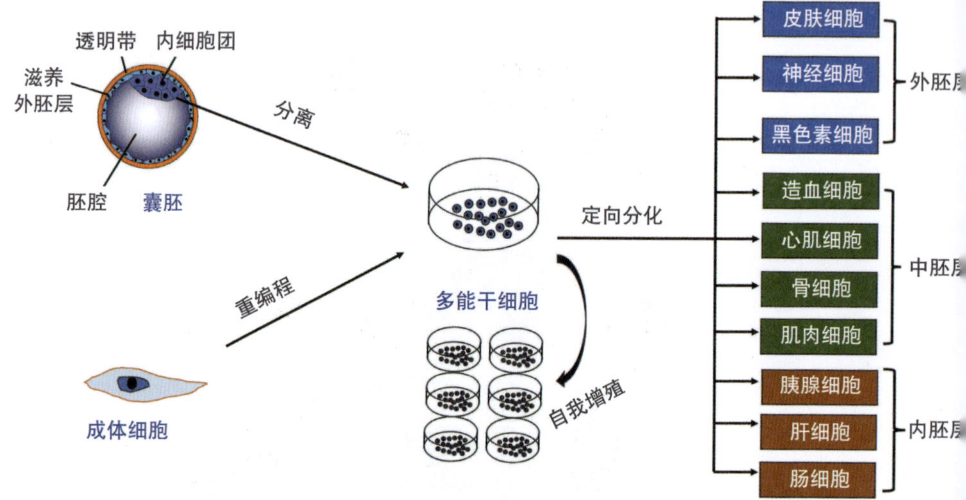

● 图1-2　多能干细胞来源及增殖、分化潜能

种干细胞送入国际空间站，重点研究微重力下干细胞如何发育、分化形成特定组织类型细胞。

那么NASA在这方面取得了哪些成果呢？2019年，美国梅奥诊所Zubair团队将“间充质干细胞（mesenchymal stem cell，MSC）”送入国际空间站进行培养，研究发现与在地面生长的干细胞相比，在太空微重力环境中生长的干细胞的功能有显著的改善，且具有更有效的免疫抑制能力，而太空微重力环境并没有对干细胞的安全性造成影响[3]。无独有偶，最近美国埃默里大学在国际空间站的一项研究发现，在太空微重力条件下培养的高度富集的心肌细胞处理Ca^{2+}的能力得到改善，增强收缩的相关基因得到表达，短期暴露于太空微重力环境的心肌细胞上调了与细胞增殖、存活、心脏分化和收缩有关的基因[4]。总的来说，太空微重力可促进心肌细胞的增殖，并使其具有合适的结构和功能。

由于微重力环境空间实验机会有限，加上太空细胞培养技术难度较大，我国的太空干细胞研究起步较晚。在过去十年，我国利用返回式科学实验卫星、货运飞船、载人飞船及中国空间站开展了一些太空干细胞研究，均获得了较好的研究成果。

2017年，我们团队利用天舟一号货运飞船开展了小鼠胚胎干细胞的增殖、分化研究，结果表明太空微重力环境为小鼠胚胎干细胞的3D生长及干性的维持提供了更有利的条件。在太空培养的小鼠胚胎干细胞呈现出优于地面的3D生长方式且可维持更高水平的多能性基因表达[5]（图1–3）。

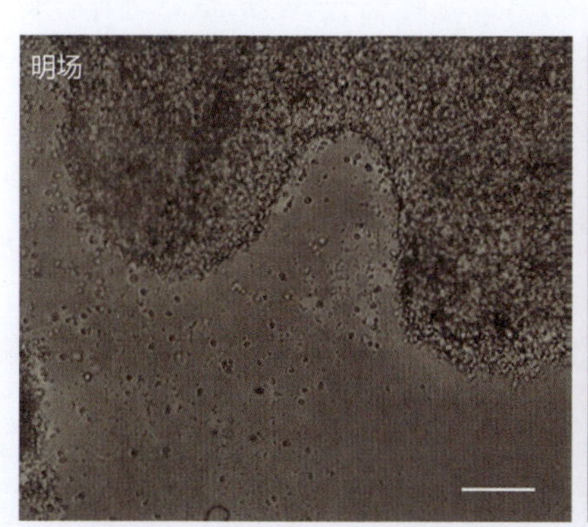

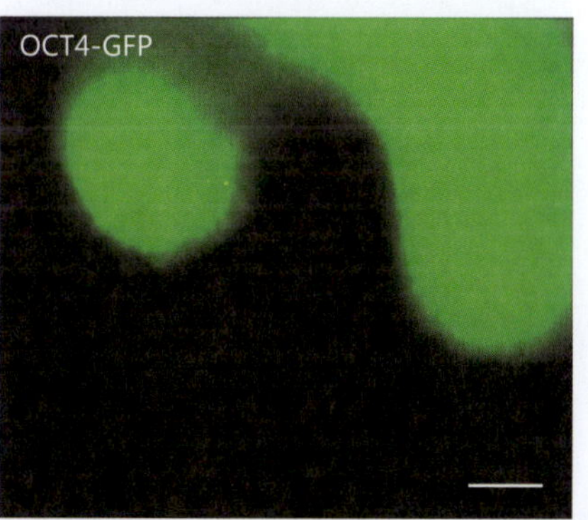

● 图1–3　在轨培养的小鼠胚胎干细胞，绿色荧光代表多能性基因表达情况

2023年，我们团队利用天舟六号货运飞船发射任务，在中国空间站开展了太空微重力环境下人早期造血研究。本项研究的目的是探索在太空微重力环境下人类多能干细胞是否能够定向诱导分化为造血干/前体细胞（图1–4）。干细胞在轨培养的整个过程可通过自动显微成像、自动换液和固定等技术完成。

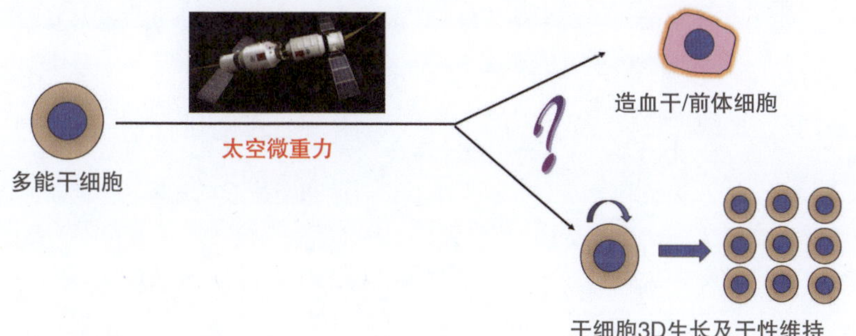

● 图1–4　人类多能干细胞在轨早期造血分化和3D生长及干性维持示意图

通过在轨采集和上传的细胞显微图片发现，这些人类胚胎干细胞已定向诱导分化成鹅卵石样的造血干/前体细胞，随着发育和分化，这些造血干/前体细胞不断增多并形成了葡萄串样的造血干/前体细胞簇。这是国际上首次开展的人类胚胎干细胞体外太空造血研究。后续将对在轨返回的固定样品进行鉴定、天地比对分析和多组学分析。本次任务的完成为将来实现干细胞在太空早期造血奠定基础，有望阐明太空微重力影响人类多能干细胞向早期造血干细胞分化的作用机理。

总之，在太空中研究干细胞可以更深入地了解生命科学，并促进再生医学的研究和发展：一方面有可能助力干细胞疗法为治疗各种疾病（如帕金森病、血液病和糖尿病等）提供新的治疗方法和策略；另一方面这些前沿研究将帮助我们更好地了解太空环境对人类机体发育的影响，为人类探索宇宙深空，乃至移民外太空打下基础。

作者介绍

雷晓华

中国科学院深圳先进技术研究院研究员，博士生导师，中国科学院特聘研究岗位，于中国农业大学获得博士学位。2016年入选中国科学院-美国科学院空间青年领军人物，2018年入选中国科学院关键技术人才，2024年获中国空间科学领域“最美科技工作者”称号。主要从事空间生命科学、哺乳动物早期胚胎发育及干细胞研究。在国际上首次实现小鼠植入前胚胎太空全程发育，首次开展太空微重力条件下胚胎干细胞的生长和分化研究。主持国家重点研发计划课题、国家自然科学基金面上项目、中国科学院先导专项A类-预研项目、国家载人航天工程空间站项目、广东省自然科学基金面上项目等多个国家级和省部级项目。

“祝融号”在火星探测到了什么

○赵健楠　肖龙

火星是地球的近邻，自古以来就备受人们的关注。进入太空时代后，火星成了深空探测的热门对象，世界各国已经开展了近50次火星探测任务。其中，我国于2020年7月23日发射了首个自主火星探测器——“天问一号”。“天问一号”探测器由轨道器、着陆器和巡视器三部分组成，其中着陆器于2021年5月15日成功在火星乌托邦平原南部着陆，其搭载的巡视器“祝融号”火星车随后顺利驶下着陆器，开启了在火星表面的征程，标志着我国一次性实现了“绕”（火星环绕探测）、“着”（火星着陆）、“巡”（火星巡视探测）三大任务。如今，“祝融号”火星车已经在火星表面度过了3年多的时间，它都有哪些强大的本领，又有哪些新的发现呢?

“祝融号”这一命名来源于中国传统文化中的火神祝融，其寓意为“点燃中国星际探测的火种，指引人类对浩瀚星空、宇宙未知的接续探索和自我超越”。“祝融号”火星车搭载了诸多功能强大的科学探测设备（图1–5），包括导航地形相机、多光谱相机、表面成分探测仪、表面磁场探测仪、气象测量仪及次表层探测雷达，它们将获取火星表面的影像、地形、磁场和光谱数据，探测地下物质的特性，记录每日的气象信息，以完成对火星巡视区形貌和地质构造探测、土壤结构探测和水冰探查、表面元素特征和岩石矿物类型探测、大气物理特征与表面环境探测四方面的科学任务。

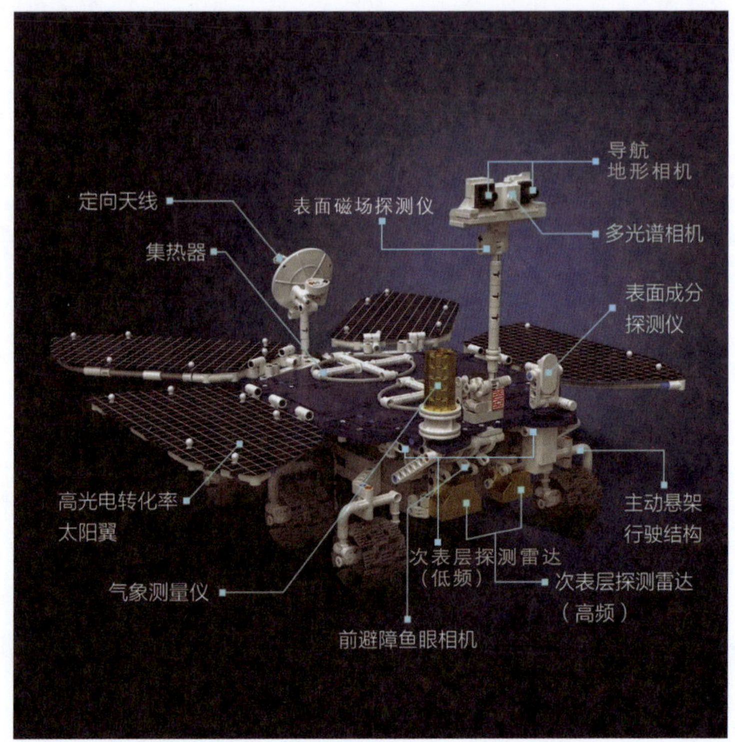

● 图1-5 “祝融号”火星车搭载的设备

“祝融号”在踏上火星表面之后，开始一路向南行驶，并对沿途的地质地貌特征进行探测，截至2022年，“祝融号”行驶总里程约为1 921 m（图1-6）。在它的行驶路线上，最引人注目的就是广泛分布的风沙地貌。“祝融号”详细探测了沿途的沙丘，获取了它们的地形地貌数据，发现它们主要是一种独特的“横向风成脊”，这类沙丘一般规模较小，具有较为对称的横截面，且沙丘的脊线与风向垂直。对这些沙丘所指示风向的统计分析表明，着陆区曾经经历了风场的显著变化，这揭示了火星地质历史晚期发生的气候转变。同时，通过对沙丘细节特征的观察发现，部分沙丘的表面存在一些小型多边形裂隙（图1-7），这些多边形裂隙的宽度一般在10 cm以下，外观上类似地球干旱区土地表面常见的泥裂。“祝融号”获取的光谱数据表明，这些多边形裂隙的表面存在石膏等含水硫酸盐矿物。

结合这些多边形裂隙的形态和成分分析结果，研究人员们认为它们的特征与水的活动有关，并提出了两种最为可能的成因：一是地下水通过毛细作用被输送至横向风成脊表面，在水分蒸发过程中表面收缩形成多边形裂隙；二是地表与大气中的水汽交换导致横向风成脊表面形成硬化的砂质壳层，壳层破裂后形成多边形裂隙。在当前的火星环境条件下，第二种成因机制最为可能。同时，由于这些横向风成脊是火星表面较为年轻的地貌，它们可能揭示了火星近期水活动及火星表面与大气水的交换过程，从而为研究火星在当前寒冷干旱气候条件下的水循环提供了线索。

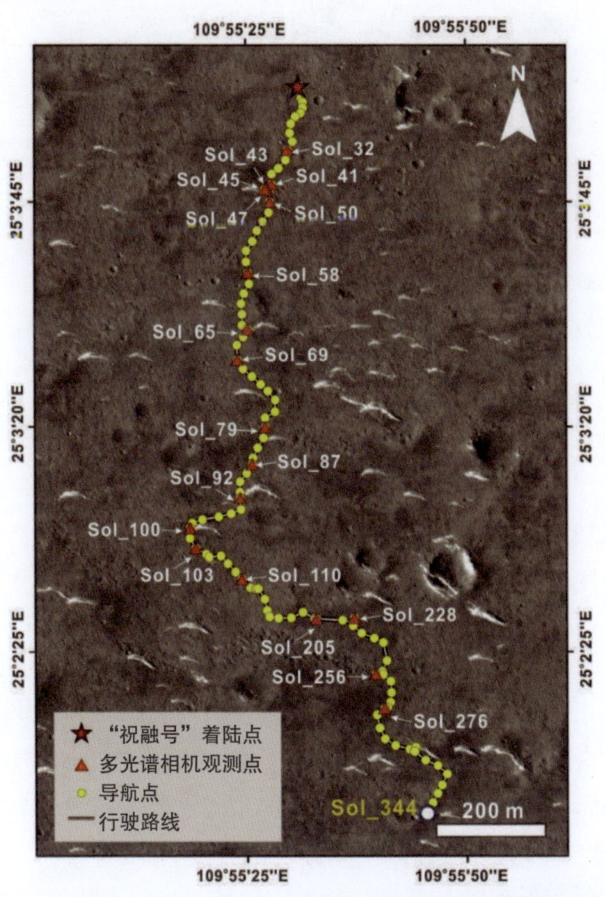

● 图1-6　"祝融号"火星车行驶路线图。图中亮色的线状地貌即为沙丘

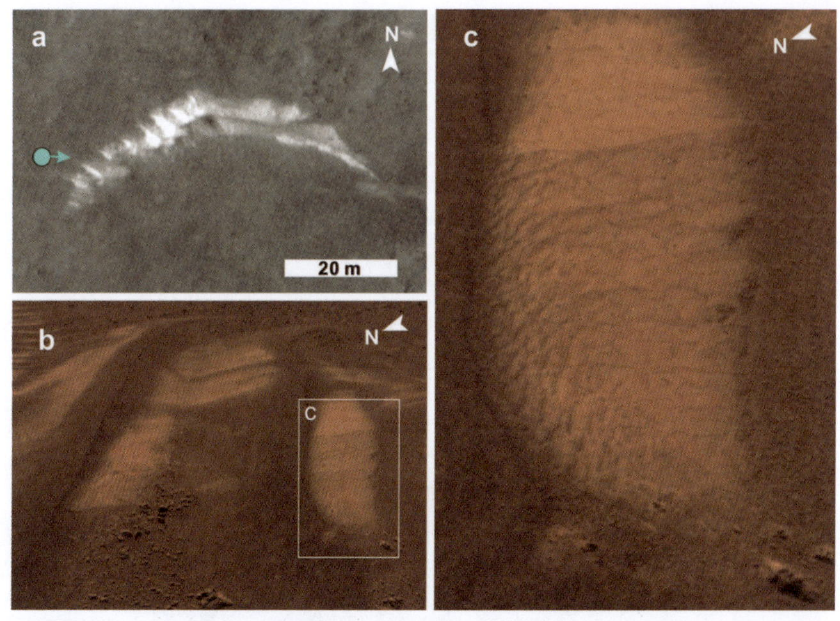

● 图1-7　“祝融号”探测的着陆区沙丘的形貌特征及其表面的多边形裂隙

除了沙丘，“祝融号”还发现了一些露出地表的板状硬壳，光谱数据表明这些硬壳含有硫酸盐和水合二氧化硅等与水活动相关的矿物。这些富含硫酸盐的硬壳层可能由地下水涌溢或毛细作用蒸发结晶出的盐类矿物和火星土壤相互作用并固结形成，这一发现表明火星晚期的水活动可能比以往认为的更加活跃。

“祝融号”也对其沿途的石块进行了重点探测，这些石块中可能蕴藏着火星古海洋的证据。火星北部平原是否存在过海洋，一直是备受关注的话题。早期的研究通过地貌分析和数值模拟提出了古海洋假说，这一假说认为在火星北部平原存在特殊的海洋沉积地质单元，这种地质单元被称为北方荒原组沉积，但这一假说缺少原位探测数据的支持。“祝融号”火星车的着陆点乌托邦平原南部边缘恰好位于前人所提出的古海岸线附近，这就为查证是否存在古海洋沉积提供了机会。通过对“祝融号”探测的23块岩石进行细致的表面形态和构造分析，发现这些岩石中存在指示双向水流特点的层理构造（图1-8），这种构造与地球上滨-浅海环境中潮汐流的特征一致，因而为火星北部平原古海洋的存在提供了直接性的原位探测证据。

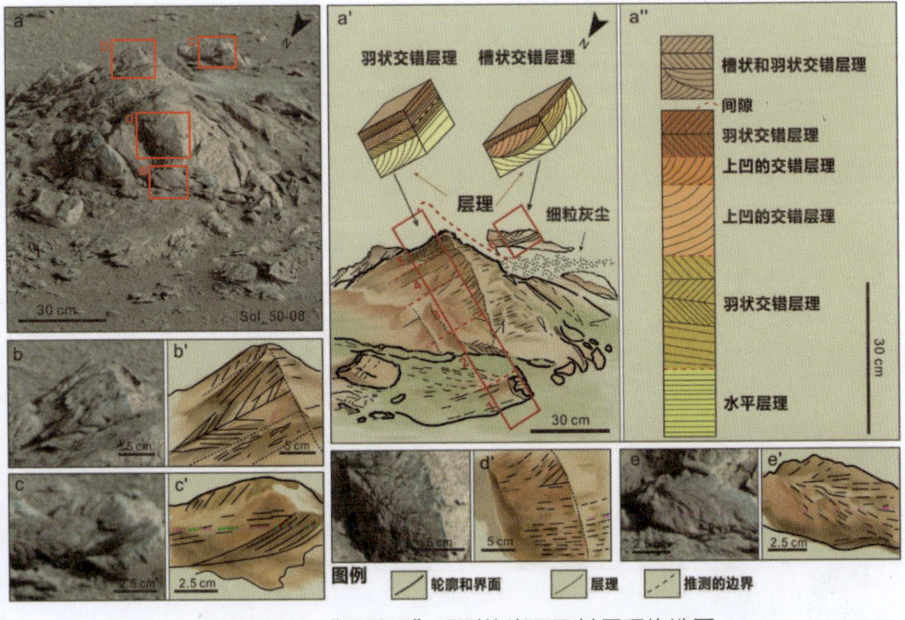

● 图1-8 “祝融号”观测的岩石及其层理构造图

“祝融号”的科学目标之一是开展土壤结构探测和水冰探查，这就要依赖于它所携带的次表层探测雷达。目前已经发现火星的两极及中高纬度地下有水冰存在，那么“祝融号”着陆点所在的低纬度地区，是否存在液态水或地下水冰呢？研究者们在分析了次表层探测雷达探测的数据之后，发现在表面以下10～30 m和30～80 m深度都存在粒度向上逐渐变细的沉积层序，它们可能反映了着陆区曾经经历的古洪水事件。此外，通过对火星土壤精细结构的剖析也发现着陆区的土壤物质和结构非常复杂，存在类似于埋藏的撞击坑的结构特征。但是，目前还没有发现液态水或水冰存在的证据。

对“祝融号”探测数据的分析依然在持续进行，未来会继续为我们带来新的发现，这些探测结果为寻找火星生命和地外宜居环境提供了线索。目前，我国“天问三号”火星采样任务也已经提上日程，并将在2030年左右带回火星样品。相信火星样品返回后，我们将对火星地质和环境特征有更为深入的认识。

作者介绍

赵健楠

中国地质大学（武汉）地质探测与评估教育部重点实验室副研究员，主要从事行星地质与比较行星学研究，研究内容涉及月球与火星地貌学、矿物学、年代学，参与了我国嫦娥工程、天问一号任务等月球和火星探测数据的分析及着陆点的地质研究工作。

肖龙

中国地质大学（武汉）教授，长期从事行星地质和比较行星学研究，深度参与了嫦娥探月工程和天问火星探测等深空探测任务，在月球和火星地质与环境演化、比较行星学等领域有深入研究。

为什么太赫兹波被评为“改变未来世界的十大技术之一”

○丛龙庆　邢宏阳

作为被评为改变未来世界的十大技术之一，太赫兹波正以其强大的潜力和广泛的应用领域吸引着人们的目光。那么，太赫兹波的潜力具体表现在何处呢?

太赫兹波，又被称为T波或者亚毫米波，从电磁光谱上看，太赫兹波在毫米波与红外线之间；从能量谱上看，太赫兹波在电子和光子之间（图1–9）。太赫兹波的发现可以追溯到20世纪末期，但对该波段的研究开发十分稀少，这一现象被称为“太赫兹鸿沟（terahertz gap）”。直到近年来，随着技术的不断发展，太赫兹波才逐渐引起人们的关注。由于其频率范围的独特性，太赫兹波成为一个重要的研究领域。

太赫兹波有如下特点：

太赫兹波具有非侵入性和非破坏性的特点，可以通过物体的非金属部分获取信息，而无须对物体进行破坏性的测试或检查。这使得太赫兹波在文物保护、材料分析和医学检测等领域具有巨大的潜力（图1–10）。

太赫兹波可以实现高分辨率的显像，使得我们能够看到隐藏在物体内部的细微结构，如文物和绘画探查等。这一特点在艺术保护等领域中具有重要意义。

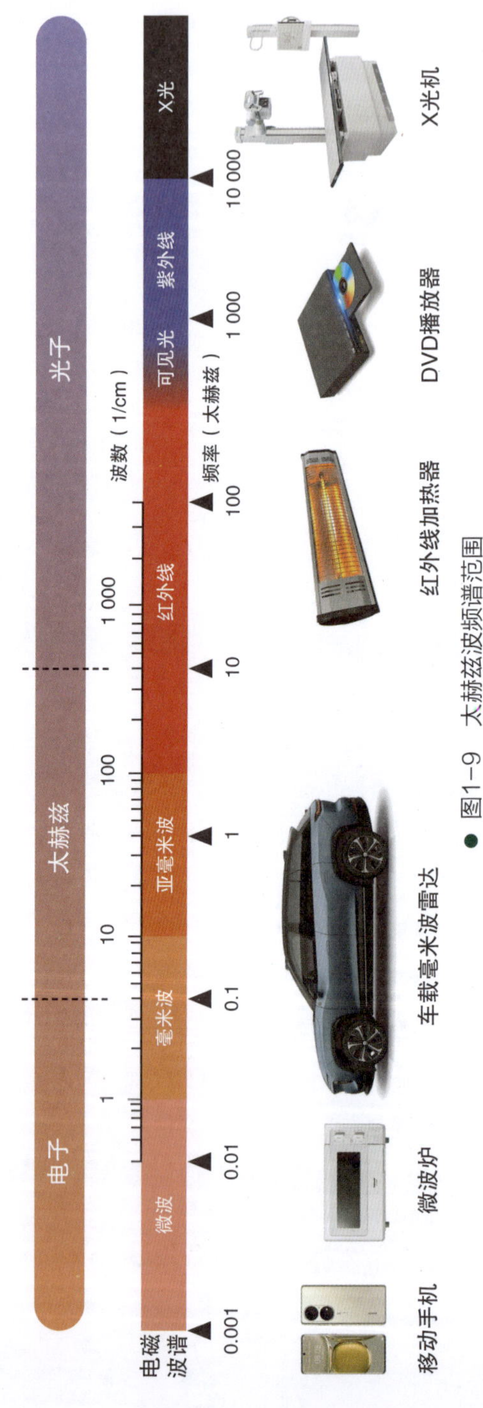

图1-9　太赫兹波频谱范围

太赫兹波能够与物质的分子进行相互作用，这种特质为我们提供了一种分析物质组成和结构的新方法，有助于化学、生物等领域的研究。通过太赫兹波的分子识别能力，我们可以快速准确地检测和鉴定化学物质，如药物的成分、食品的品质、环境中的污染物等。

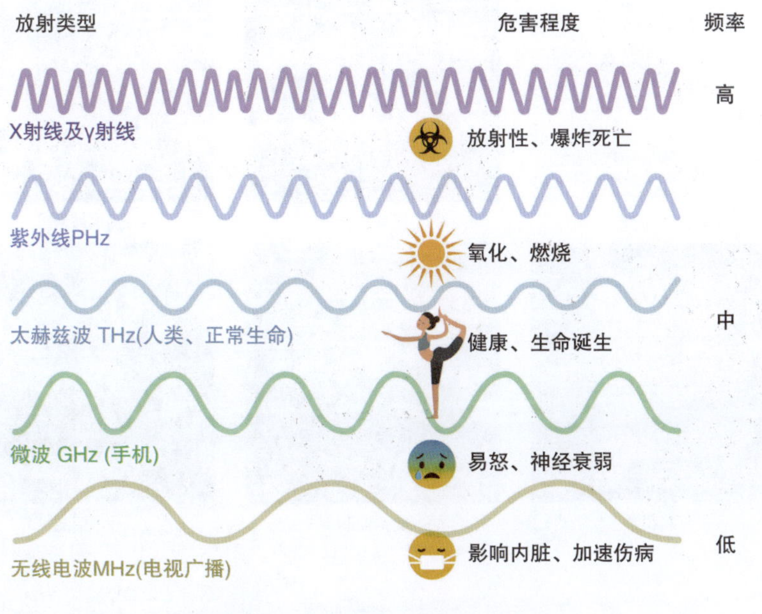

● 图1-10　不同电磁波的安全性比较

由于太兹赫波的特点，它有着广泛的应用（图1-11）。

太赫兹波可以用于安全检查，如在机场或边境关口检测隐藏的危险品或非法物品。由于太赫兹波具有非破坏性的特点，因此可以有效地检测出携带在行李中或人体上的可疑物品，提高通行安全性。

由于太赫兹波能够穿透人体组织，而且对生物组织的损伤较小，因此在医学影像学领域具有广阔的应用前景。它可以用于检测皮肤癌、乳腺癌等疾病，为医生提供更准确的诊断信息，从而制定更精准的治疗方案。此外，太赫兹波还可以用于观察血液循环和细胞活动，为医学研究提供了新的手段。

在通信技术中，太赫兹波也发挥着重要作用。由于其高频率的特性，太赫兹通信可以实现更高的数据传输速率，有望成为下一代无线通信的关键技术。此外，太赫兹波还可以穿透大气层，在空间通信和卫星通信中具有独特的优势。

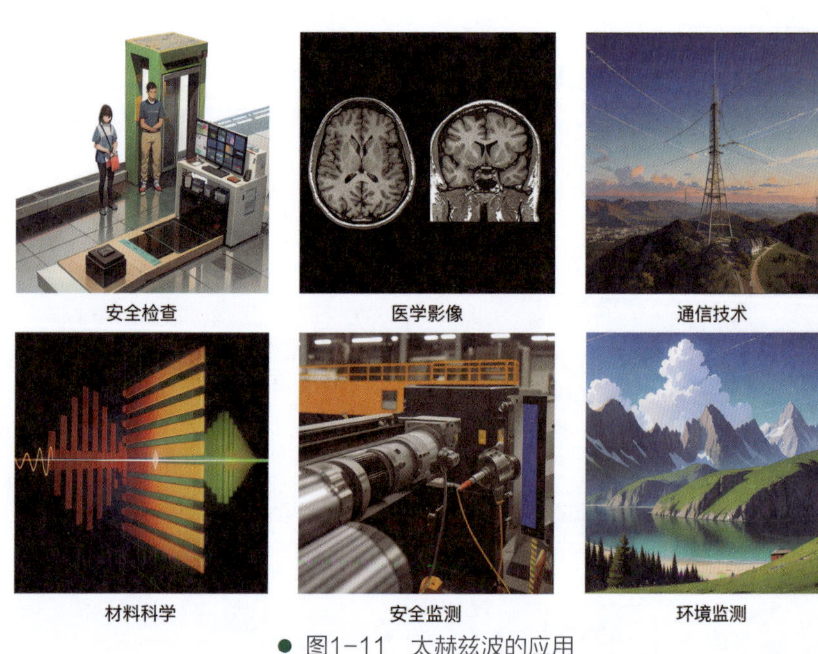

● 图1-11　太赫兹波的应用

太赫兹波对于材料的研究和开发也具有重要意义。它可以用于检测材料的物理特性，如热导率、电导率等，帮助科学家们设计更高效、更环保的材料。太赫兹波还可以用于研究材料的结构和缺陷，帮助改进材料的性能。

太赫兹波还可以应用于安全监测。例如，在建筑结构的检测中，太赫兹波可以穿透混凝土或砖墙，帮助工程师发现潜在的缺陷，从而提前采取措施，确保建筑的安全性。

太赫兹波在环境监测方面也具有潜力。它可以用于检测大气污染物、土壤污染和水质污染，提供高精度的检测和分析。太赫兹波还可以用于观测气候变化和冰川融化等现象，为环境保护和可持续发展提供数据支持。

与此同时，太赫兹技术也面临一些挑战。

太赫兹波的产生、探测和操控等方面的技术仍存在挑战。例如目前太赫兹波源和探测器的效率还有待提高，太赫兹波在信号传输和处理方面也需要更加高效的技术支持，以满足高速数据传输和实时处理的要求。

太赫兹波的应用对材料的特性有一定的要求。一些常见的材料，如金属和水，对太赫兹波有较强的吸收作用，限制了其在某些场景中的应用。因此，寻找新的材料或开发特殊结构的材料，以更好地实现太赫兹波传输和检测，是当前研究的重点之一。

未来的研究将致力于提高太赫兹波源和探测器的效率与性能，以实现更高的信号质量和更广泛的应用范围。新的材料、器件和技术将不断涌现，推动太赫兹波技术的突破与创新。

未来的发展将注重集成与封装技术的进步，将太赫兹波源、探测器和电路等集成到更小型化、更高效率的器件中，以实现便携式、高性能的太赫兹系统，为用户提供更方便、更广泛的应用体验，实现太赫兹技术的商业化和实际应用（图1-12）。

900 GHz光斑

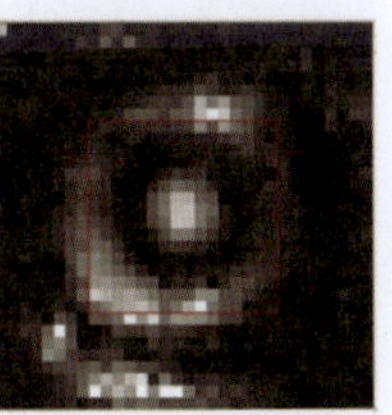

340 GHz牛顿干涉环

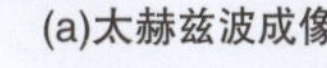

(a)太赫兹波成像

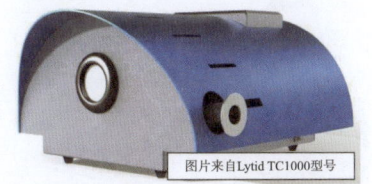

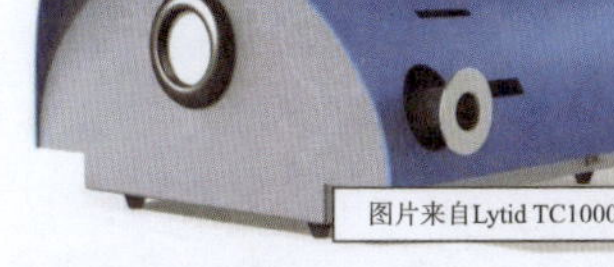
图片来自Lytid TC1000型号

(b)基于量子级联激光技术的太赫兹光源

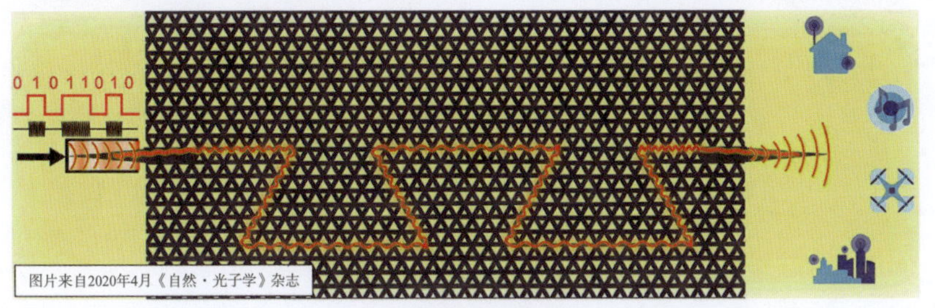
0 1 0 1 1 0 1 0
图片来自2020年4月《自然·光子学》杂志

(c)太赫兹波集成器件

● 图1-12　太赫兹技术前沿领域

太赫兹波将与其他成像技术结合，实现多模态成像和多尺度观测。通过与光学、红外、超声等技术的融合，太赫兹波可以提供更全面、更精确的成像信息，并可在生物医学、材料科学等领域发挥更大的作用。

量子技术的快速发展也将给太赫兹波的应用带来新的机遇。如利用量子级联激光技术可以提高太赫兹波源和探测器的效率，提高太赫兹波的测量精度和灵敏度。量子信息处理和量子通信技术的发展也将为太赫兹通信提供新的可能性。

尽管太赫兹技术面临一些挑战，但随着科学技术的不断进步和对太赫兹波的深入研究，我们有理由相信这一领域将迎来更多的突破和创新。通过解决技术问题、加强合作与技术标准化、提高公众认知和加强法律监管，太赫兹技术有望实现更广泛的应用，并为人类社会带来更多的福祉。

作者介绍

丛龙庆

南方科技大学电子与电气工程系副教授，博士生导师，国家特聘青年专家，深圳青年五四奖章获得者。天津大学学士和硕士，于新加坡南洋理工大学获博士学位。主要研究方向为太赫兹光子学、超表面和光子晶体。

邢宏阳

南方科技大学电子与电气工程系博士研究生，西安电子科技大学学士，研究方向为太赫兹拓扑光子晶体。

为什么脂质纳米颗粒（LNP）是最热门的核酸药物递送技术

○曾臣

小分子药物和单克隆抗体药物是临床上使用最广泛的两种药物，它们引领了前两次生物医药革命。小分子药物和单克隆抗体药物主要的作用靶点是蛋白质，但目前有约80%的蛋白质缺乏活性位点，无法开发出相应的小分子药物和单克隆抗体药物。而核酸药物的作用靶点是DNA或RNA（图1–13），能有效解决传统药物开发过程中面临的“不可成药”等问题，或将引领第三次生物医药革命。

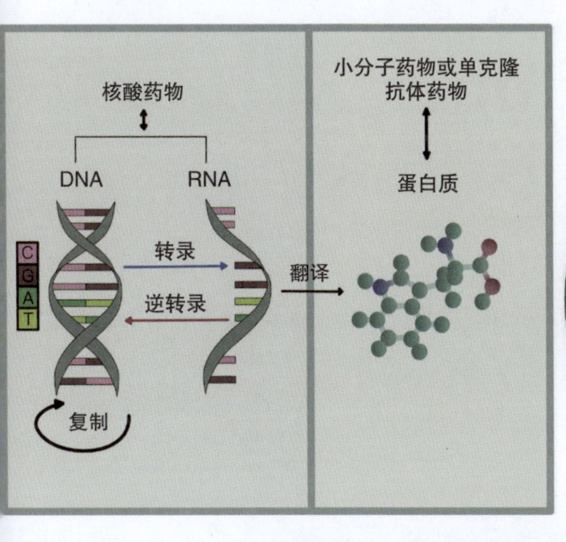

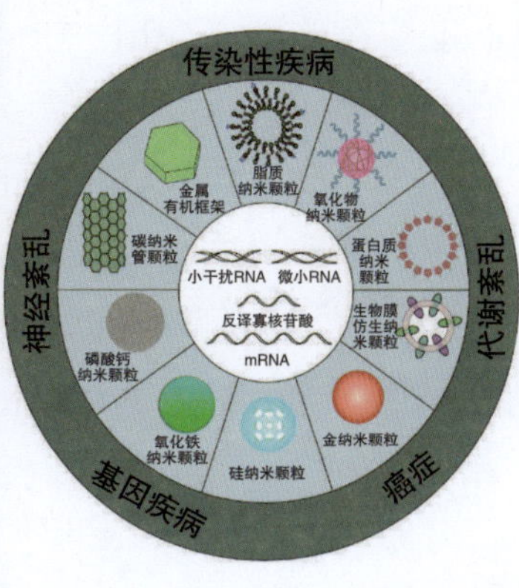

● 图1–13　不同药物及其作用靶点

核酸药物包括信使核糖核酸（mRNA）药物、小干扰RNA（siRNA）药物、反义寡核苷酸（ASO）药物、微小RNA（miRNA）药物、单向导RNA（sgRNA）介导的CRISPR-Cas9基因编辑药物等。核酸药物在过去五年获得了快速发展。由于2020年新型冠状病毒的传播，莫德纳（Moderna）和拜恩泰科（BioNTech）的mRNA新冠疫苗获批上市，极大地加速了核酸药物的开发和应用。然而，核酸药物对核酸酶敏感，并且由于其体积大且带负电荷而无法渗透进入细胞。因而需要合适的载体将核酸保护起来，使其免受核酸酶的分解并提高细胞对它们的摄取能力。

载体分为病毒载体和非病毒载体。病毒介导的递送是使用最广泛的方法，但病毒载体免疫原性较强，还可能会被整合到宿主细胞中引起癌症等问题。非病毒载体使用的是人工合成的载体材料，包括无机纳米材料［如硅纳米颗粒（SiO_2NP）、金纳米颗粒（AuNP）、磷酸钙纳米颗粒（CaPNP）］、脂质纳米颗粒（lipid nanoparticles，LNP）、聚合物纳米颗粒（polymeric nanoparticles）等。其中的LNP技术在核酸递送方面逐渐显示出了独特的优势：安全性好、包装尺寸大、免疫原性弱、靶向性可控，且成本较低、制备简单，适合大规模生产。

LNP可以通过静电作用将核酸封装在其颗粒核心中，其通常由带正电荷的阳离子脂质（cationic lipid）、磷脂（phospholipid）、胆固醇（cholesterol）和聚乙二醇化脂质（PEG lipid）组成（图1-14）。阳离子脂质通常含有一种或多种在酸性条件下可电离的叔胺，负责与核酸的带负电荷的磷酸基团络合。磷脂和胆固醇天然存在于细胞膜中，它们作为辅助脂质（helper lipid），可实现稳定性结构并促进LNP与细胞膜的融合。而额外的聚乙二醇化脂质位于颗粒表面，提供空间位阻，防止颗粒自聚集和血清蛋白结合，从而延长LNP的体内循环时间。这四类脂质以不同种类、不同比例配制，可能影响LNP制剂的封装、释放及其理化和药理性质，包括纳米颗粒结构和稳定性、内体逃逸效率以及组织向性。

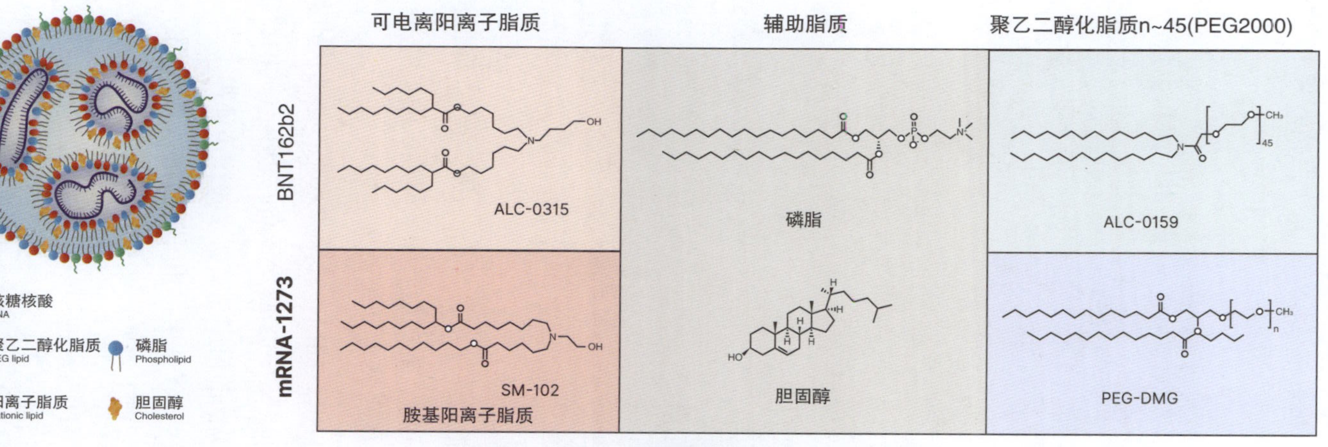

图1-14 LNP的结构和组成

目前有多种方法可以生产LNP。其中包括薄膜水化法、乙醇注射法、T形接头混合和微流控混合（图1-15）。

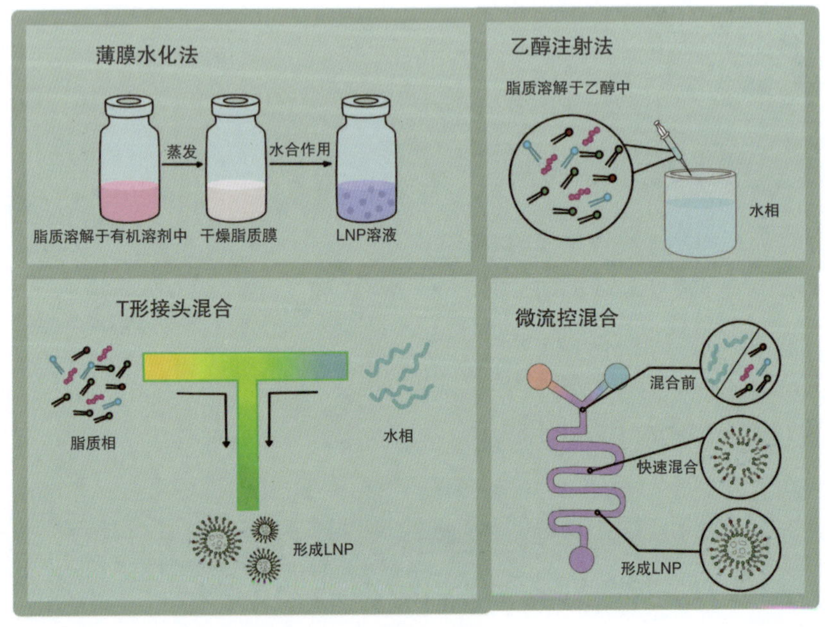

● 图1-15　LNP的生产方法

薄膜水化法是脂质体生产最常用的技术之一。脂质溶解在有机溶剂（如乙醇或氯仿）中，通过旋转蒸发器蒸发除去溶剂，形成薄的脂质层。当使用负载核酸的缓冲水溶液使脂质层水合时，脂质的疏水性和亲水性部分会自组装成LNP。薄膜水化方法的优点是制备过程简单，不需要使用昂贵复杂的实验室设备。但其生成的LNP粒径较大，封装效率也不高，得到的粗产品需要经过超声处理。

乙醇注射法是1973年首次提出并开发的。将脂质溶解在乙醇中形成脂质溶液，并在搅拌下将脂质溶液快速注入含有核酸药物的水性缓冲液中，由于混合溶剂极性的增加，注入的脂质溶液被水性缓冲液快速稀释，从而自组装成LNP。这种生产方法不需要超声处理程序，但可重复性差阻碍了其向临床应用的转化。

T形接头混合和微流控混合则是使用特定的设备，将脂质和RNA按照一定配比和浓度分别溶于乙醇和水，并分别注入T形接头或微流控混合器的两条入口通道，通过快速混合，完成RNA-LNP的制备。T形接头混合和微流控混合可重复性好且尺寸可控，颗粒配方均匀且封装效率高，还容易从小型实验室扩展到大规模生产，已经发展成为最主要的生产平台。

LNP是目前最热门和最成功的核酸药物递送技术。在新型冠状病毒感染（COVID-19）大流行期间，辉瑞、BioNTech、Moderna分别成功开发了基于LNP的COVID-19 mRNA疫苗Comirnaty和Spikevax，其Ⅲ期临床结果显示对COVID-19的保护效力分别达到95%和94%，是目前为止预防COVID-19最有效的疫苗之一。此外，目前已有多种基于LNP的RNA疗法处于临床开发阶段，LNP在传染病、遗传病、癌症等各类疾病中都具有巨大的临床应用价值。其应用前景十分广阔，将极大推进第三次生物医药革命。

作者介绍

曾臣

南方科技大学前沿生物技术研究院研究副教授。2008年本科毕业于武汉大学，2013年于中国科学院上海有机化学研究所获得理学博士学位，2015—2018年在美国哥伦比亚大学进行博士后研究。主要研究方向为药物递送系统的开发。

如何实现海上CO_2地质封存

○赵明辉　李鹏春

2023年6月，我国首个百万吨级海上二氧化碳（CO_2）地质封存示范工程——恩平15-1油田碳封存示范工程在珠江口海域正式投用，标志着我国海上CO_2封存技术取得了重大突破，填补了我国海上CO_2封存技术的空白。该项目的成功投运，引起了国内外的广泛关注。在全球变暖和气候变化日益严重的背景下，海上CO_2地质封存技术已经成为国际上探索规模化碳减排的一种重要手段。那么海上CO_2地质封存到底是怎么回事？它又是如何实现的呢？

20世纪中叶以来，人类活动所排放的温室气体是全球气候变暖的主要原因。目前在6种受控的人为温室气体中，CO_2是主要温室气体之一，因而减少CO_2排放，刻不容缓。

CO_2是一种密度大于空气的无色气体，随着温度与压力变化，存在气态、液态、固态和超临界相态4种相态［图1-16（a）］。当温度高于31℃、压力大于7.38 MPa时，进入超临界相态，该相态的CO_2具有液态的密度（200～900 kg/cm^3），同时又具有气态的流动性，可以在储层中流动；而且，CO_2密度与注入深度成正比，在超临界相态下达到最大密度且保持稳定时，单位体积的封存量最大，因而，可以实现规模化的CO_2封存［图1-16（b）］。

CO_2捕集、利用与封存技术（carbon capture utilization and storage，CCUS），是指将CO_2从工业排放源中捕集并分离出来，输送到海洋、油气田等适宜地点进行利用或长期地质封存（图1-17），它是国际能源署提出的主要减碳措施之一，更是一个保护地球的“托底”方法。

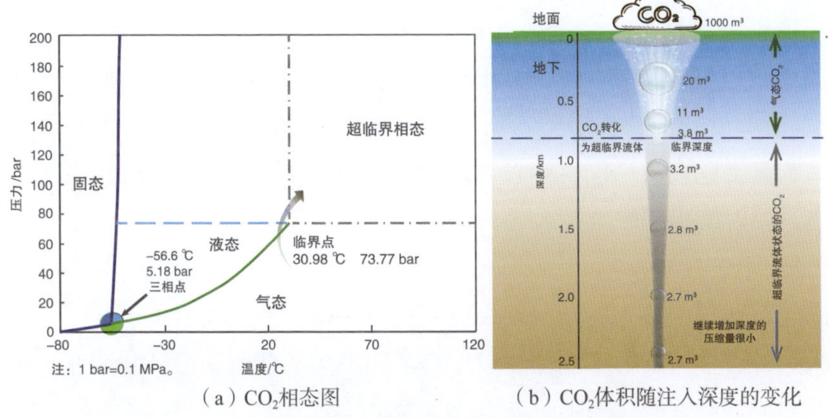

（a）CO_2相态图　　（b）CO_2体积随注入深度的变化

● 图1-16　CO_2相态图（a）及其体积随注入深度的变化（b）

● 图1-17　CO_2捕集、利用与封存概念图

沿海地区工业发达，CO_2排放源分布密集，因此，位于近岸海区的咸水层具有得天独厚的源-汇近埋匹配优势，可以实现就近大规模的地质封存。封存CO_2的地质储层类型多样，主要包括沉积盆地内的砂岩、碳酸盐岩及玄武岩层等。孔隙岩层中含有淡水和咸水，为了不影响人类的淡水资源，CO_2封存只用含咸水的岩层作为储存体，即称为咸水层（或盐水层）储集体，一般含盐量不超过1 000 mg/L，且具

有一定的孔隙度、渗透率以保证有充足的储存空间。

那么如何探明这些咸水层储集体在地下的发育程度与分布特征？地球物理探测方法可以查找地下地质结构，其中主要采用的是深地震多道反射（MCS）及海底地震仪（OBS）折射探测的观测系统［图1-18（a）］。近海OBS折射时，采用海上激发和海/陆同时接收的深地震探测方式，即海上密集气枪炮点激发，陆上密集流动台站和海上OBS台站同时接收气枪信号，确保在陆区和海区射线覆盖密集，同时确保了在缺少台站的海陆过渡带射线覆盖也很密集［图1-18（b）］。多道反射与海陆联合OBS折射技术手段的运用，既可以探测浅部结构中是否有断层发育，又探明了深部断裂及地震活动性，同时弥补了多道反射不能探测浅水海区的缺欠，从而获得从陆到海、跨圈层、多尺度的咸水层储集体分布规律。

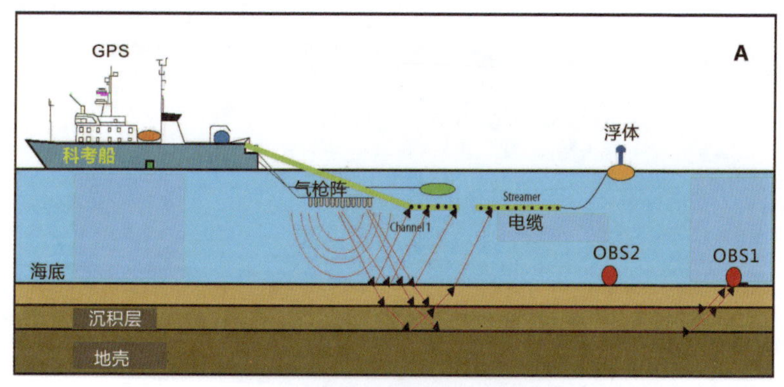

（a）MCS反射与OBS折射海上作业示意图

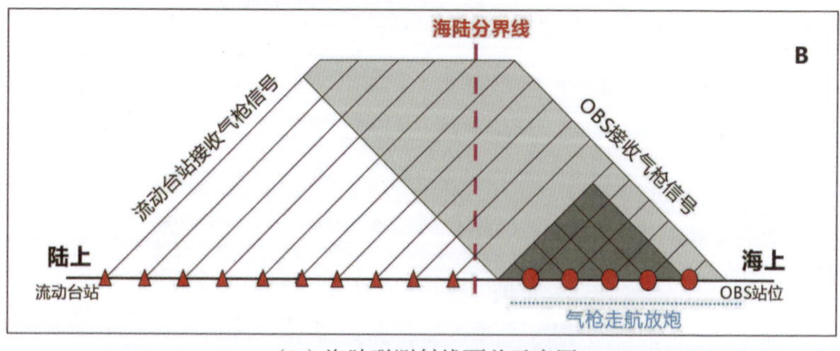

（b）海陆联测射线覆盖示意图

● 图1-18　多道反射与海陆联合OBS折射技术的海上作业

CO_2需注入位于地下安全深度（一般大于800 m）的地质储层圈闭中，达到超临界相态，这个储库不是地下洞穴，往往是一个状似倒扣“巨碗”的背斜地质构造（图1–17），具有自然封闭性；不透水的致密盖层阻隔CO_2向上渗漏，盖层延伸数百米，从而实现CO_2长期稳定封存。储层和（或）盖层是否有断层或裂隙切穿、断层的初始封闭性、区域构造活动性等，是科学试点区选址的重要因素，也是实现安全海底CO_2地质封存的保证。

我国海域沉积盆地分布广阔、咸水层分布广泛，构造地层圈闭丰富，具有CO_2封存的良好地质条件，封存潜力预测达2.58万亿吨。科学家们计算，每100万吨CO_2封存，就相当于植树900万棵，或相当于60万辆轿车停开一年。因此，我国咸水层封存潜力、减排能力巨大，海上CO_2地质封存有望成为碳减排的最主要方式之一，引领海上CCUS创新发展，能为碳中和目标的实现提供重要支撑。

作者介绍

赵明辉

中国科学院南海海洋研究所研究员，博士生导师，中国科学院大学岗位教授，中国科学院特聘核心岗位，海洋地球物理方向学科带头人。先后于1991年、2001年、2004年在江汉石油学院（现名长江大学）、中国地质大学（武汉）、中国科学院海洋研究所获得学士、硕士、博士学位。2008—2009年在美国伍兹霍尔海洋研究所访问。主持国家基金重点项目3项及面上项目3项。曾先后10次主持/参加国家自然科学基金共享航次、大洋环球航次及南极航次等重大科考任务，担任首席科学家2次。任中国地球物理学会海洋地球物理专业委员会副秘书长委员（2014至今），国际大洋发现计划（IODP）环境保护与站位安全评估委员会委员（2016—2020年）。发表论文93篇，高引论文21篇。

李鹏春

中国科学院南海海洋研究所副研究员，硕士生导师。1997—2001年在江汉石油学院（现长江大学）石油工程系学习并获学士学位，2001—2006年在中国科学院广州地球化学研究所构造地质专业硕博连读，获理学博士学位。2007—2009年在中国科学院地质地球物理研究所和中国石化中原油田从事博士后工作；2009年9月起就职于中国科学院南海海洋研究所“海洋地质构造与模拟”学科组；2016年4—9月在美国得克萨斯大学访问；2022年8—11月在香港科技大学访问。主持包括国家基金项目在内的科研项目12项，近年一直从事CO_2地质封存与模拟工作，提出了海上CO_2地质封存场址筛选与评价方法，完成了南海沉积盆地CO_2地质储存潜力与适应性评价报告、图集及GIS数据库建设工作，发表相关成果论文12篇，并获得中国地质调查成果奖一等奖1项。

如何培养跨学科多元思维能力

○刘绪　来星凡　罗金

新的科学理论与工程技术常常诞生于学科的边缘或交叉点。2017年，诺贝尔化学奖颁给了3位研究生物课题的物理学家，分别是瑞士科学家雅克·杜博歇（Jacques Dubochet）、美国科学家约阿希姆·弗兰克（Joachim Frank）以及英国科学家理查德·亨德森（Richard Henderson）。这一年的经济学奖获奖者理查德·塞勒（Richard H. Thaler）研究的则是心理学和经济分析结合的“行为经济学”。

一般认为，当一个人具有跨学科（transdisciplinary）的多元思维能力时，他往往具有超越学科固有能力之外的新能力，类似于不等式1+1>2。图灵奖得主姚期智也曾说：“多学科交叉融合是信息技术发展的关键，不同的学科、理论相互交叉结合，同时一种新技术达到成熟的时候，往往就会出现理论上的突破和技术上的创新。”

什么是跨学科多元思维能力

我们先看看一些对跨学科多元思维能力的常见理解。与跨学科经常换用的概念包括交叉学科（interdisciplinary）和多学科（multidisciplinary）。1926年，心理学家伍得沃斯（R. S. Woodworth）提出“交叉学科”是指超过一个学科范围的研究活动。

《高等教育辞典》将“跨学科学习”定义为“以一组相关学科组合成的课程为学习对象的教育活动”。“在实践中，通常以某个问题为核心，将与此问题有关的各学科组合构成一门课程”，如项目制教学（project-based learning）。此外，还有基于课程、专业和学位的组合，大学还发展了包括文理、理工、理理等交叉跨学科在内的多种人才培养模式，学生通过专题研讨课、项目制培养、主辅修专业、通识学士学位等方式进行深入学习。

跨学科学习的核心特征是问题导向、前沿性、科技融合以及多学科知识的综合运用。

随着第四次工业革命和全球化的迅猛发展，跨学科学习日益与科技紧密结合，并强调跨文化的批判性思维，以求更好地培养协作式的问题解决能力，集成多元的信息、资料、工具、概念。如人类学和社会学等社会科学学科与科学、技术领域的研究者进行协作，推动了科学知识社会学的创立。再如可持续发展研究需要综合和分析经济、社会和环境领域的各种知识，需要跨学科学习地球物理学、大气科学、环境法学、政治学等多种社会科学和自然科学学科。

在个体层面，通过跨学科学习可以培养多元思维能力。“创造力”就是跨学科思维实现的积极结果之一。迈克尔·波兰尼（Michael Polanyi）认为一个人拥有的一般性知识越丰富和深刻，所能凭借的参考信息（frame of reference）越多，便越有可能对问题产生特定而强烈的具体感，这种具体感是创造性活动的基础。英国教育政策研究学者迈克尔·吉本斯（Michael Gibbons）指出，知识在当代世界的角色发生了剧变，随着一系列信息传播技术的涌现，日常生活将日益智能化、数字化。受第四次工业革命的影响，知识本身也将在爆炸中迎来多元、跨界、开放的“知识生产模式Ⅱ”阶段，并有可能逐步取代传统的模式Ⅰ阶段。由此，对于新时代的学习者，人人都需具备理解多学科知识的跨学科多元思维能力。

我国高等教育体系中跨学科思维能力的培养

在我国高等教育体系中，跨学科、交叉学科的理念在学科、专业、课程层面均有体现。2020年12月，教育部宣布设置“交叉学科”作为第14个学科门类。截至2022年6月，各学位授予单位自主设立了共计728个交叉学科，涵括工–工、理–工、文社–理工等各类交叉模式（图1–19）。

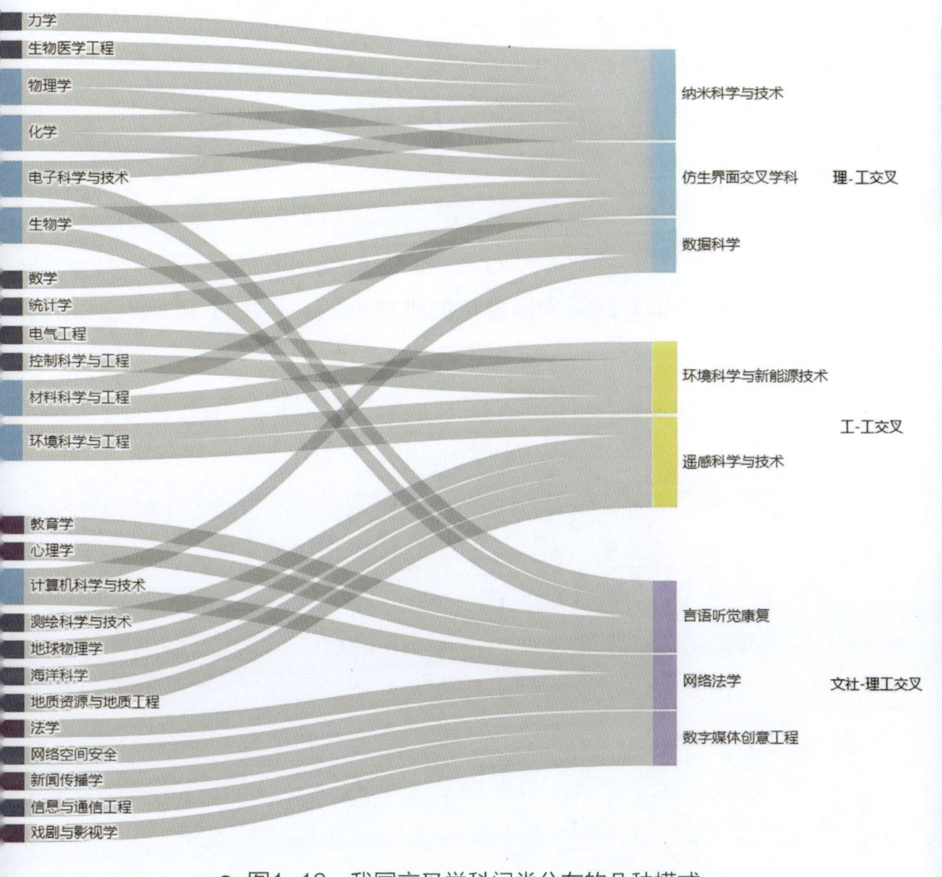

● 图1-19　我国交叉学科门类分布的几种模式

我国学位授予机构自主设置了交叉学科的几种交叉模式，其特点有三个：

（1）同名交叉学科涉及的一级学科往往存在差异，体现了各学位授予机构根据自身情况进行学科规划的特点。如北京大学的数据科学学科，其下包含数学、统计学、计算机科学与技术、软件工程、公共卫生与预防医学等学科，偏重理医交叉；而清华大学的数据科学和信息技术学科，着重发挥学校的工科优势，其下包含信息与通信工程、计算机科学与技术、控制科学与工程、管理科学与工程、电气工程等几个学科。

（2）各机构自设的交叉学科，其交叉模式呈现以理工科内部学科交叉、社会科学与理工科交叉为主，人文学科与理工科的交叉、人文社会学科内部的交叉相对少见。

（3）许多构成交叉学科的一级学科已是交叉学科或多学科研究的领域，如被多所院校纳入交叉学科下属一级学科的“管理科学与工程”，属于社会科学与工科的交叉。

如何积极地应对跨学科学习的挑战

倡导创新思维模式，培养个人的多元思维能力。受传统教育的影响，在高考指挥棒下，目前中小学“填鸭式”灌输的教育教学仍较为常见。学校可以提供创意课程和思维训练，鼓励学生跳出常规思维的限制，引导学生在跨学科背景下进行创新和探索，培养学生跨学科思维的能力。学习者需要明确自己的学术兴趣和方向，在广泛的跨学科阅读中寻找交叉点，积极探索不同领域之间的联系，培养多元思维能力。学习者也可以积极主动地参加跨学科的讨论、学术研讨会和社团活动，积极展示跨学科学习所带来的多元思维和解决问题的能力，提高社会对跨学科学习的认知。

学习者要在不同学科间分清主次、学会取舍。跨学科学习可能加大学习者的压力。由于现有的人才培养方案往往以学科为中心，跨学科学习者既要满足既有培养方案的学分要求，又要满足跨出学科领域进行跨院系选课的要求。学习者可以充分利用高校的学业指导资源，制订合理的学习计划，平衡不同学科的课程负荷，避免承受过度的压力。

同时，优化教学与评价机制，促进学科间交流与合作。在当前以学科为中心的制度设计下，各学科学习者之间缺乏交流与合作的平台，跨学科学习者难以与他人构建学习共同体。在培养计划设计和课程设置上，高校可以创新教学模式，改变以某一具体学科为轴心的授课方式，让学生体验跨学科的融合学习。同时，在评价体系中加入对跨学科学习和思维能力的评估，以激励学生全面发展。高校可创建多学科交流平台，鼓励学生从不同领域获得灵感和汲取知识，为学生提供更好的支持，帮助他们成为具备广泛知识背景和综合能力的跨学科人才。

作者介绍

刘绪

南方科技大学高等教育研究中心助理教授，博士毕业于伦敦大学学院教育研究院，研究方向包括高等教育政策与治理和本科拔尖创新人才培养，主持完成国家级和省部级各类课题多项，研究成果发表于*Higher Education*，*Higher Education Policy*等国际一流期刊。

来星凡

南方科技大学高等教育研究中心访问学生。本科毕业于北京大学中国语言文学系汉语言专业，2023年获得北京大学教育学硕士学位。曾参与包括教育部委托的教育政策评估项目在内的多项课题，在校期间主理北京大学“燕归来”项目。

罗金

南方科技大学2017级统计与数据科学系本科生，目前在北京大学深圳医院实习。

轻松读懂高科技

电子与信息篇

Electronics and Information

02

AIGC如何生成创意内容

○武玉娇　王晓

近年来，人工智能（artificial intelligence，AI）技术蓬勃发展，特别是大语言模型（large language model，LLM）和生成式AI（generative AI）等技术，引发了广泛的讨论和研究，并对世界产生了深远的影响。这些技术正在改变传统产业，并改变了人类交互的方式，如智能助理、自动回复系统等。同时，这些技术引发了人们对隐私、安全、伦理和社会影响等方面的一系列讨论和质疑。

那么，什么是AIGC呢？AIGC即“AI生成内容”（AI generated content），是利用AI算法或模型创建的各种形式的内容，如图像、音乐、视频、自然语言或其他形式的内容。这些内容是通过机器学习和自然语言处理等技术生成的，而不是由人类直接创作。人工智能生成模型可以通过学习大量的数据来理解和模仿人类创作的模式和风格，并生成与之类似的内容（图2-1）。AIGC在许多领域都得到了广泛应用，包括自动化写作、图像生成、音乐创作、视频合成等。

最近很火的聊天生成型预训练变换模型（chat generative pre-trained transformer，ChatGPT）则是自然语言生成（natural language generation，NLG）的一种应用。它是由OpenAI 开发的基于GPT架构的大型语言模型，能够通过文本的形式与用户进行对话和交互，生成连贯、有逻辑的回复。ChatGPT使用无监督学习的方法，在庞大的文本数据集上进行预训练，从而学习语言的语法、语义、上下

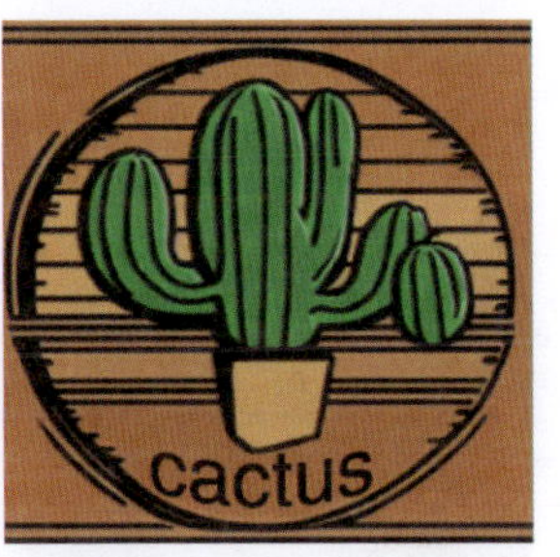

● 图2-1　使用AI图像生成工具以“20世纪90年代标志设计，仙人掌在线商店，网络泡沫风格”为关键词生成的图片

文等知识。它能够理解并生成自然语言，并且具备一定的语境感知能力，能够根据用户的输入产生合适的回应。ChatGPT可以模拟人类对话的过程，与用户进行交互，回答问题、提供建议、解释概念等，还能完成撰写邮件、视频脚本、文案、代码，翻译和辅助科研等任务。ChatGPT的第4代模型GPT-4甚至已经在美国医师执照考试（USMLE）、美国司法考试（bar exam）等专业测试中表现出超过绝大多数人类的水平，在美国高中毕业生学术能力水平测试（SAT）数学考试中，排名前11%左右，在美国研究生入学考试（GRE）语言能力考试中，排名更是冲到了前1%。

ChatGPT还是一款非常优秀的辅助教育工具，可汗学院（一家在线学习平台）现在已经有上千人使用GPT-4作为学生助教。然而，作为一个生成模型，ChatGPT生成的回复是基于预训练模型所学到的模式和规律，而不一定具有真实世界的知识或深刻的理解。因此，使用ChatGPT或类似的模型时，我们需要注意对其生成内容的准确性和可信度进行进一步的验证和探究。

在图像生成领域，最新的AIGC模型生成的图像更加逼真、有质感，甚至可以达到优秀原画师水准。用户只需要输入简短的文字，就可以创造出原画师级别的奇妙角色和独特场景。这些模型的出现为艺术创作、设计和娱乐等领域带来了新的可能性，它们能够帮助人们快速生成创意图像，并为创作者提供灵感和辅助工具。

DALL · E/DALL · E2，Stable Diffusion，Midjourney等都是AI绘画工具领域的优秀代表（如图2-2）。

Stable Diffusion

DALL · E2

Midjourney

● 图2-2　三种工具以“哈勃望远镜拍摄的令人难以置信的星云，深空摄影，令人惊叹的照片，虫洞和星云”为关键词生成的图片

DALL · E/DALL · E2是由OpenAI开发的图像生成模型，基于GPT架构，并通过大规模的图像和文本数据集训练来获得图像生成的能力。具体来说，它可以创建动物和物体的拟人化版本，以合理的方式组合不相关的概念及对现有图像进行转换。DALL · E2是改进版本，能够生成更逼真和准确的图像，分辨率提高了 4倍。

Stable Diffusion是一款开源模型，使用了CLIP ViT-L/14文本编码器，并运用当下先进的文转图合成技术——潜在扩散模型（latent diffusion model，LDM），它更加擅长现代艺术画作，且善于描绘更加复杂的细节内容。

Midjourney生成的图像以其独特的艺术风格著称，通过输入文本和参数，训练好的模型会相应生成图像。尽管这些模型取得了很好的生成效果，但在艺术领域仍然面临主观性和创意性的挑战，这些模型无法完全拥有人类创作者的独特视角和表达方式。

正如创始人大卫 · 霍尔茨（David Holz）为Midjourney设立的宗旨所说，AI不是现实世界的复刻，而是人类想象力的延伸。

生成式AI到底是基于什么原理呢？有哪些基础模型发挥了重要的作用？在此我们列举出了几个AIGC背后关键的模型。早在2013

年，Diederik P. Kingma等人就提出了深度变分自编码（variational autoencoder，VAE）。VAE通过学习数据的潜在分布，并在潜在空间中进行采样，生成新的数据样本。接着在2014年，Ian GoodFellow等人提出了基于零和博弈思想的生成对抗网络（generative adversarial networks，GAN）。GAN中的生成器和判别器通过对抗训练相互竞争，最终生成器可以生成与真实数据难以区分的样本。还有一种模型是扩散模型（diffusion model），它受到非平衡热力学的启发，假设数据样本是通过逐步扩散的方式生成的。其工作原理是通过添加噪声来破坏训练数据，然后通过逆转这个噪声过程来学习恢复数据，进而从噪声中生成连贯的图像。2017年谷歌提出了Transformer模型，它具有高度并行化的特点，并且通过计算相似度，能更好地理解输入序列中的上下文信息，捕捉长距离的依赖关系，使得生成的内容更加连贯和准确。

生成模型引发的关乎个人隐私和安全的问题也值得我们关注。如果生成模型使用了包含个人信息的训练数据，生成的内容可能会泄露敏感的个人信息；生成模型可以用于生成虚假的信息、图像或视频，可能导致虚假新闻、诈骗、冒充等问题，生成的内容进而可能会被滥用，误导用户或被用于操纵信息。同时，生成模型有可能生成不当或违法的内容，或者生成与他人版权作品相似或相同的内容，导致版权侵权问题，这可能引发法律纠纷和知识产权争议。

这些问题的具体情况和严重程度取决于生成模型的使用方式、数据源、训练方法以及应用场景。为了解决这些问题，需要采取隐私保护和安全措施，包括数据处理和匿名化、访问权限控制、内容审核和过滤等。同时，法律和监管机构也在逐步制定相关政策和法规，以应对这些隐私和安全问题，最终使得人工智能的发展符合人类的利益和社会的可持续发展要求。

作者介绍

武玉娇

澳大利亚联邦科学与工业研究组织(CSIRO)环境研究科学家，于澳大利亚悉尼科技大学获得博士学位。目前主要从事计算机视觉目标检测相关研究。

王晓

鹏城实验室智能计算研究部副研究员，于中国科学院数学与系统科学研究院获博士学位。从事应用数学相关研究。

为什么纠错编码可以检测和纠正错误

○王琦

纠错编码（error correcting code，ECC）广泛应用于各种通信系统、存储系统中，用于在不可靠信道中检测和纠正信息传输过程中发生的错误，以保障数据可靠性。1948年，克劳德·香农（Claude E. Shannon）发表了划时代论文《通信的数学原理》（*A Mathematical Theory of Communication*），创立了信息论，开启了信息时代。在经典的信息论通信系统模型（图2–3）中，消息发送方通过信源编码实现数据压缩，通过信道纠错编码实现错误检测和纠正，以抵抗信道中的噪声干扰，从而有效保证通信的可靠性。

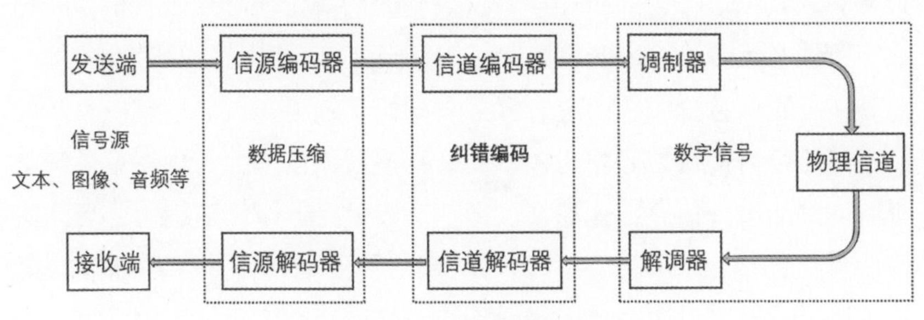

● 图2–3 通信系统模型

纠错编码的一般思路是在信息比特流中，增加冗余信息位，从而使得接收方能够检测信息传输中发生的错误且在一定范围内纠正这些错误而无须重新传输。纠错编码的应用在日常生活中随处可见，如我国居民身份证码采用18位数字（图2-4），其中最后一位为冗余校验位（X代表数字10）。18位居民身份证号码从左至右记为a_1，a_2，…，a_{17}，a_{18}，前6位a_1—a_6为地址码，代表居民首次获得身份证号码时所在县（市、旗、区）的行政区划代码；中间8位a_7—a_{14}为出生日期码，代表居民出生日期；a_{15}—a_{17}这3位数字为顺序码，代表同地址码同出生日期码的居民编定的顺序码，其中奇数分配给男性，偶数分配给女性；最后一位a_{18}为校验码，采用ISO 7064：1983.MOD 11-2检验码系统，由前17位数字计算得出。

a_1	a_2	a_3	a_4	a_5	a_6	a_7	a_8	a_9	a_{10}	a_{11}	a_{12}	a_{13}	a_{14}	a_{15}	a_{16}	a_{17}	a_{18}
地 址 码						出生日期码								顺序码			校验码

● 图2-4　我国居民身份证号码示意图

具体来说，最后一位校验码a_{18}由以下公式计算得出：

$$a_{18}=\left\{12-\left[\sum_{i=1}^{17}a_i\cdot\left(2^{18-i}\bmod 11\right)\right]\bmod 11\right\}\bmod 11$$

其中mod表示求余运算。以上公式中mod 11意为除以11求余数，因此可理解为什么身份证最后一位数字可能为X，即mod 11得到余数为10。读者可思考：通过这样一位校验码，身份证号是否可检测一位数字错误？是否可检测两位数字错误甚至更多错误呢？为什么？

在香农信息论中，通过有噪信道编码定理可知，如果使用有效的信道纠错编码使得误码率为零，那么在该通信信道上传输信息理论上所能达到的最大信息传输速率，即信道容量。但该信道编码定理无法构造具体的纠错编码，纠错编码研究的核心问题是如何构造算法高效、接近信道容量速率且无错误传输信息的纠错编码。历史上第一个系统的纠错编码构造由理查德·汉明（Richard W. Hamming）提出，称为汉明码。20世纪40年代末，汉明在著名的贝尔实验室用贝尔V型电脑工作，输入端是通过打孔卡读入数据，经常会造成读取错误。在上班时间，当有读取错误发生时，工作人员可手动解决错误，但在下班时间，机器只会简单地将错误转移到下一个任务。为了解决这一问题，汉明于1950年构造了汉明码，可纠正1位错误，开创了纠错编码领域，极大推动了数字通信、存储系统等领域的发展。

下面我们介绍（7，4）汉明码（图2-5），即编码信息比特串长度为4，增加3位冗余比特，编码比特串长度为7。假设4位信息比特串分别记为x_1，x_2，x_3，x_4，3位冗余校验比特串分别记为p_1，p_2，p_3。

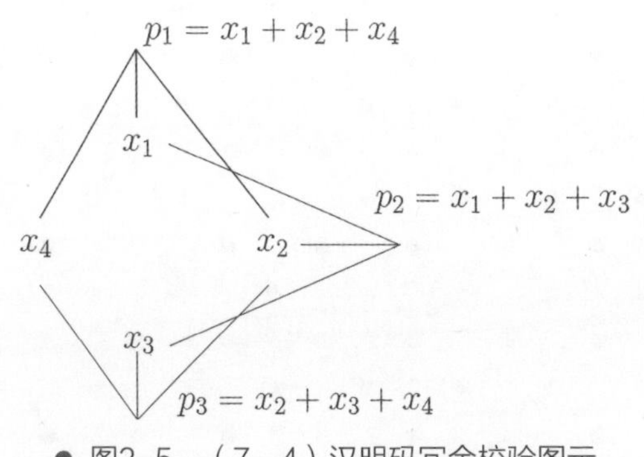

● 图2-5　（7，4）汉明码冗余校验图示

3个冗余校验位等式分别为：（a）$p_1=x_1+x_2+x_4$，（b）$p_2=x_1+x_2+x_3$，和（c）$p_3=x_2+x_3+x_4$，以上加法为mod 2求余加法，即异或运算。当4位信息比特串为$x_1x_2x_3x_4$时，由上述三个冗余校验位等式，添加3位冗余校验比特串得到长度为7的比特串$x_1x_2x_3x_4p_1p_2p_3$。

下面我们分情况讨论一位比特发生错误将出现的所有情形：

（1）比特位x_1发生错误，则（a）（b）校验不通过；

（2）比特位x_2发生错误，则（a）（b）（c）校验不通过；

（3）比特位x_3发生错误，则（b）（c）校验不通过；

（4）比特位x_4发生错误，则（a）（c）校验不通过；

（5）比特位p_1发生错误，则（a）校验不通过；

（6）比特位p_2发生错误，则（b）校验不通过；

（7）比特位p_3发生错误，则（c）校验不通过。

由上述讨论可知，一位比特发生错误的所有7种情形两两互不相同，因此如果1位比特发生错误，可明确定位这个错误位并翻转纠正。事实上可以证明，任意长度为4的信息比特串，通过上述3个冗余校验位等式完成编码得到的长度为7的比特串，两两之间的最小距离为3。如图2-6所示，每个点代表一个码字，皆是长度为7的比特串，共有2^7=128个；黑点代表所有正确的码字共2^4=16个；绿点代表发生1位错误得到的所有码字；红点代表发生多于1位错误得到的所有码字。

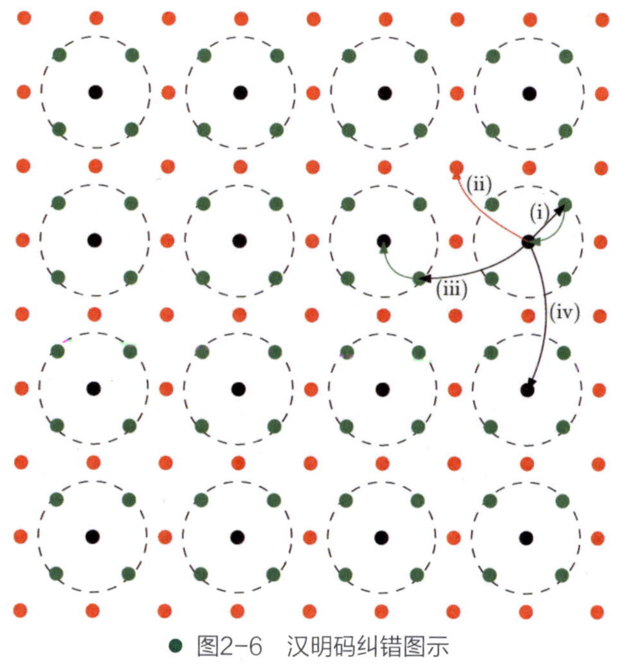

图2-6　汉明码纠错图示

理想情况下，信息传递不发生错误，即黑点代表的码字在接收方无错误接收，无须纠错。其他情形如下：

情形（i）：发生较少错误，即1位错误，接收方得到绿色码字，还原成其最接近（汉明距离最小）的黑色码字，此时可正确译码；

情形（ii）：发生多于1位错误，接收方得到红色码字，无法确定如何还原码字，此时可检测出错误，但无法纠正错误；

情形（iii）：发生更多位错误，接收方得到距原码字较远的绿色码字，还原成另外一个黑色码字，此时错误译码；

情形（iv）：接收方得到与原码字不同的黑色码字，此时错误无法检测。

汉明码是一种线性码，即所有码字构成n维有限向量空间中的维数为k的线性子空间，冗余位数$r=n-k$，汉明码的码长为$n=2^r-1$，维数为$k=2^r-r-1$，最小距离即任意两码字的最小汉明距离为$d=3$。汉明码是一种完备码，它的参数能达到参数相互制约的理论界（汉明界），即在码长相同、最小距离为3的纠错码中能达到最高的码率。线性码通常具有高效的编码与译码算法，因而在实际通信、存储系统中广泛应用，如里德–所罗门（Reed–Solomon）码广泛应用于卫星通信、DVD光盘、磁盘存储等系统中，低密度奇偶校验码（low density parity check code，LDPC）、极化码（polar code）分别是5G通信中数据信道和控制信道的纠错编码标准。汉明码是一种分组纠错码，即编码码字长度是固定的，与之不同的另外一类纠错码是卷积码（convolutional code），它具有信道的记忆性质，通常通过增加存储器阶数来实现低误码率。涡轮码（turbo code）是一种著名的卷积码，由于其高效的Viterbi译码算法而被广泛应用于3G/4G通信、深空卫星通信中。

作者介绍

王琦

南方科技大学计算机科学与工程系长聘副教授，博士生导师。2007年于中国科学技术大学信息安全专业获学士学位；2011年于香港科技大学计算机科学与工程系获博士学位；2011—2013年受德国洪堡基金会资助于德国马格德堡大学数学学院做洪堡学者。入选深圳海外高层次人才、南山区“领航人才”。主要研究纠错编码、密码学及应用等，在国际知名期刊和会议发表论文50余篇，主持多项国家级项目。

人工智能如何生成内容

○谭明奎

在日常生活中，我们经常接触到各种各样的图像，比如生动的画作、漂亮的照片和有趣的电影等。创作者们在脑海中构想出不同的场景、图像或者视觉效果，并通过艺术技巧将这些想法变成现实。这些作品都是通过人类的构思和创作产生的，那么机器是否能够进行类似的创作，生成丰富多彩的图像内容呢？

近年来人工智能技术的发展让机器如同人类一样生成逼真的视觉内容成为可能。通过输入不同类型的数据（如随机噪声、文本、图像和视频等），机器可以生成所需的图像或视频，这已经成为人工智能领域中的一个重要研究方向——深度视觉生成。

深度视觉生成技术可以用来生成、美化、渲染和重建图像和视频，能有效减少相关领域人员工作量，提升生产效率。目前深度视觉生成技术已在许多领域得到广泛应用（图2–7），在艺术和设计领域，它可以用于创造各种艺术作品；在电影和游戏产业，它可以用于生成逼真的特效和场景；在虚拟现实（VR）和增强现实（AR）领域，它可以用于创建虚拟空间。

1. 老电影着色

“Toffs and Toughs” by Jimmy Sime (1937)

2. 游戏场景生成

3. AR/VR: Windows Holographic

4. 虚拟数字人：央视网虚拟记者小c

● 图2-7 深度视觉生成技术的应用

深度视觉生成技术的核心是构建深度生成模型，生成与真实图像尽可能相似的图像。

下面我们将介绍几种经典的方法模型：变分自编码器、生成对抗网络和扩散模型。

变分自编码器是一种经典的深度视觉生成模型[6]，它由编码器和解码器组成（图2-8），编码器将原始图像转换成潜在向量的概率分布，并计算其均值向量和标准差向量，来描述潜在向量的特征；解码器则根据潜在向量的概率分布生成新的图像。由于每个潜在向量对应着不同的图像特征组合，通过改变潜在向量的数值，可以生成不同的图像。

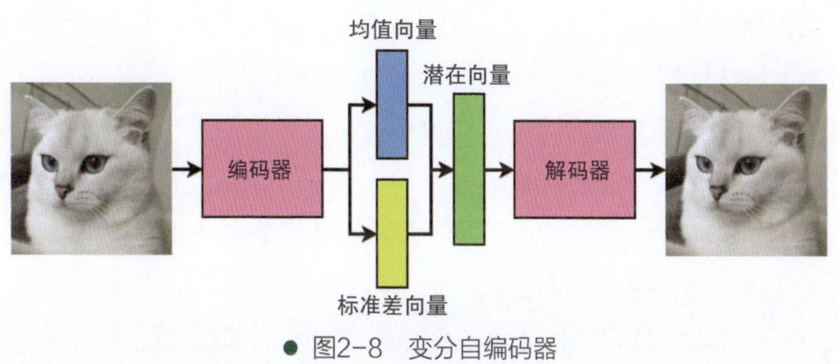

● 图2-8 变分自编码器

我们可以将变分自编码器生成内容的过程与画家作画的过程类比。画家首先从大量的图像数据中学习（编码过程），并形成一个知识库，其中包含各种可能的特征组合（潜在向量构成的概率分布）。当我们向画家提出一个具体的需求（潜在向量），画家通过绘画（解码过程）来创造出符合需求的画作。

变分自编码器方法具有许多优势，如训练速度快、稳定性高等。然而，它的局限性是难以将数据强制拟合到预先设定的有限维度分布上。如果数据的分布与设定的分布不匹配，这可能导致生成的图像不够清晰，因而限制了其应用范围[7]。

生成对抗网络[8]是一种被广泛应用的生成方法，它由两个部分组成［图2–9（a）］：生成器（generator）和判别器（discriminator）。生成器利用随机输入生成虚拟的视觉内容，而判别器需要区分真实的图像和生成器生成的图像。两者通过相互竞争和学习不断提高，最终生成器能够产生逼真的图像。

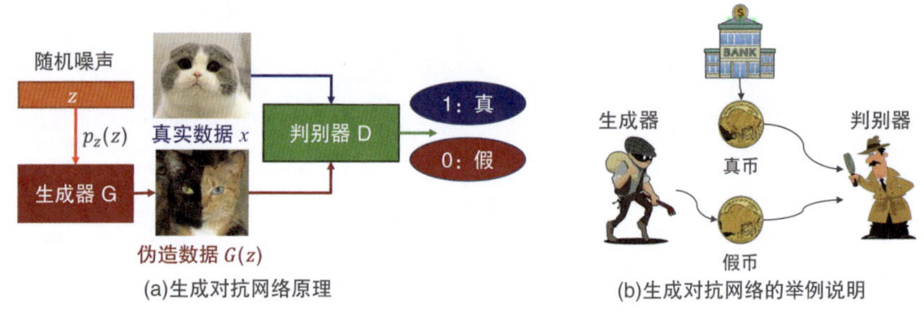

● 图2–9　生成对抗网络

我们可以用假币制造者和警察识别假币的例子来解释生成对抗网络的思想［图2–9（b）］。生成器就像是假币制造者，他们的目标是根据观察到的真实钱币和警察的识别技术，尽可能地生成更真实、警察难以辨别的假币。而判别器则相当于警察，他们的目标是尽可能地准确识别出犯罪分子制造的假币。通过双方的对抗和竞争，最终达到纳什均衡状态。在这个均衡状态下，生成器生成的假币看起来非常真实，判别器无法准确判断（真、假币的概率均为50%左右）。

相比于变分自编码器，生成对抗网络在实际应用中更加灵活且应用领域更广泛。然而生成对抗网络仍然存在一些问题，限制了其在实际场景中的应用。如，生成的图像清晰度有限，无法达到真实图像的水平；生成的图像缺乏多样性，难以产生丰富多样的图像样本；生成过程的可控性较差，很难精确控制图像生成。

扩散模型是一种用于生成数据的概率模型，其思想源自非平衡热力学[9]。通过定义一个持续扩散的步骤，逐渐将随机噪声引入数据中，然后学习逆转扩散过程以从噪声中生成所需的数据样本。我们可以将扩散模型类比为橡皮擦，用计算机生成的噪声图像作为输入，经过多次迭代"擦除"噪声，逐步生成逼真的视觉内容（图2–10）。

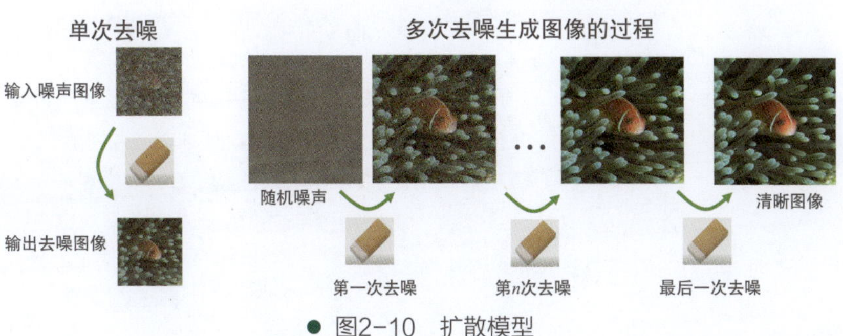

● 图2–10　扩散模型

相较于对抗生成网络和变分自编码器，扩散模型只需训练一个模型，相对来说更容易优化，并且，扩散模型生成的图像更加逼真。然而，去噪过程通常要迭代上千次，这导致扩散模型的生成速度远远慢于对抗生成网络和变分自动编码器，这在一定程度上限制了其应用。

深度视觉生成技术至今已在不同领域取得了显著的进展，并创造出了许多实际应用价值。然而，与人类视觉认知相比，机器生成图像或视频仍然存在一些亟待解决的问题。如，现在大多视觉生成方法只能生成2D图像，而2D图像难以完全反映现实3D世界；当前主流的图像生成模型计算量大、冗余度高，生成效率低，限制其在实际场景中的应用；用于风格迁移等任务的生成模型仅能较好地实现两个域之间的迁移，多域迁移的效果差[9]。

这些问题也为我们揭示了视觉生成领域未来的发展方向。通过解决这些问题，我们将更好地推动深度视觉生成技术的发展，使其实现更加广泛的应用。

作者介绍

谭明奎

华南理工大学教授、博士生导师，现任华南理工大学大数据与智能机器人教育部重点实验室副主任，2018年入选广东省“珠江人才团队”，2022年入选美国斯坦福大学全球前2%顶尖科学家榜单。主持国家自然科学基金、广东省“新一代人工智能”重大专项等多个国家级和省部级项目。2019年以来以第一作者或通讯作者发表学术论文60余篇，包括*IEEE TPAMI*等IEEE（美国电气和电子工程师协会）汇刊论文23篇，以及NeurIPS、ICML、ICLR、CVPR等CCF-A类人工智能顶级会议论文30余篇，担任NeurIPS、ICML、AAAI、CVPR等多个人工智能会议的领域主席。获得2019年“世界华人数学家联盟最佳论文奖（ICCM Best Paper）”等多个奖项。

如何在保护数据隐私的前提下实现人工智能

○唐茗

2022年末，ChatGPT横空出世，它作为人工智能高度凝聚的代表，在网络世界引起了不小的轰动。除此之外，人脸识别、语音识别、购物网站的商品推荐、手机智能助手、自动驾驶等都是我们所熟知的人工智能应用。人工智能技术大多与大数据相关，机器通过对海量数据的分析，学会识别、分类、执行、预测等任务。然而，谈到数据，就无法避开隐私的问题。那么，如果人们不愿意分享数据，人工智能又如何实现呢?

首先，我们聊聊机器是如何用数据进行学习的？监督学习是实现人工智能的核心技术之一。在监督学习中，机器拥有海量的数据，它利用这些数据训练神经网络模型，而训练好的模型可以被用来完成识别、预测等功能。监督学习和神经网络模型到底是什么？以物品识别为例，为了让机器学会识别图片中的物品（图2–11），我们需要提前给机器准备两个东西——数据集和初始的神经网络模型。

数据集包含海量的数据样本。其中，每个样本包含一张图片和一个物品名称标签（如飞机、火车等）。为了方便后续的讨论，我们把图片记为x，标签记为y。值得注意的是，不论是图片还是标签，在机器看来都是数据。

神经网络模型虽然复杂且抽象，但它可以被理解为一个从x映射到y的函数，即$y = f(x)$。神经网络模型定义了这个函数的结构和参数，比如，它定义了$y = f(x) = ax^2 + bx + c$这样的二次函数形式，以及参数a，b，c的值，那么，当给定x，机器就能用$f(x)$计算出y。当然，神经网络模型的实际结构远比图2–11中给出的示例要更错综复杂，其对应的$f(x)$也远比这个公式要复杂得多。当机器进行学习之前，我们并不知道参数（如例子中的a，b，c）的实际值，所以我们会给予机器初始的神经网络模型，包括模型的结构（也就是函数的形式）以及随机的参数值。参数实际值的获得，由机器完成。

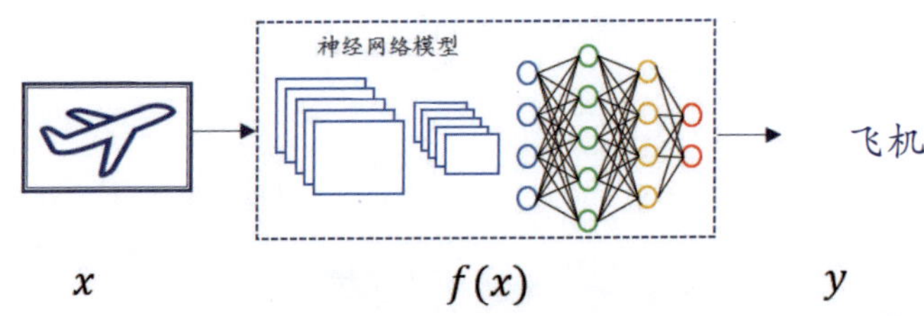

● 图2–11　监督学习使机器利用数据集训练神经网络模型

在监督学习中，机器训练神经网络模型的过程，就是机器使用数据集学习$f(x)$参数的过程。在机器获得了$f(x)$的参数后，当我们把图片当成x输入到神经网络模型中，机器就会输出对应的y，也就是对应的标签，这便实现了图片中物品的识别。当然，机器对$f(x)$参数进行学习的过程复杂且多样。

接着，我们来探讨“如何在保护数据隐私的前提下实现人工智能”这个问题。在传统的监督学习中，首先要将海量的数据上传到高性能中心服务器（即算力很强的计算机集群），之后，中心服务器再利用这些数据对模型进行训练（图2–12）。然而，这样的方式有时是不可行的。一方面，人们越来越在乎数据隐私，因而可能不愿意上传个人数据到中心服务器。另一方面，训练所需要的数据量非常大，因而传输数据所占用的带宽、能耗资源也非常庞大。联邦学习（Federated learning）为解决这些问题提出了新的方案。

采用联邦学习，在不需要人们传输数据的前提下，机器可以照常训练神经网络。也许你还没有发觉，这样的方法已经悄悄融入了人们的生活，如谷歌智能键盘的联想功能、部分医疗或金融机构间的协作数据分析等。

● 图2-12　在传统监督学习中，云服务器收集数据集到云端，并利用数据集对神经网络模型进行训练

在医疗或金融机构中，联邦学习特别有用，因为它允许这些机构在不共享敏感数据的情况下，利用各自的数据来提高模型的泛化能力和准确性。那么，联邦学习是如何工作的呢？设想一个中心服务器和一些拥有数据的用户设备，如我们的手机、笔记本电脑等，这些设备也可以是机构的本地服务器。联邦学习的核心思想是将模型训练的任务分配到用户设备，而中心服务器负责对用户设备的模型进行聚合直至收敛。具体来讲，中心服务器首先将初始的神经网络模型 $f_0(x)$发送给用户设备。然后，这些用户设备分别利用本地的数据，对神经网络模型的参数［即 $f_0(x)$的参数］进行更新。接着，用户设备将更新后的模型参数上传到中心服务器，而中心服务器会对这些模型参数进行

聚合（如直接对模型参数求平均值）。聚合参数后的模型 $f_1(x)$和 $f_0(x)$具有相同的模型结构，但模型参数不同。在这之后，中心服务器会将新模型 $f_1(x)$发送给用户设备，用户设备再对新模型的参数进行更新，并返回中心服务器，而中心服务器会再次把模型参数聚合，形成 $f_2(x)$……不断重复这样的过程，直到神经网络模型收敛，也就是相邻两次的模型 $f_t(x)$和 $f_{t+1}(x)$的变化小到可以忽略不计（图2-13）。

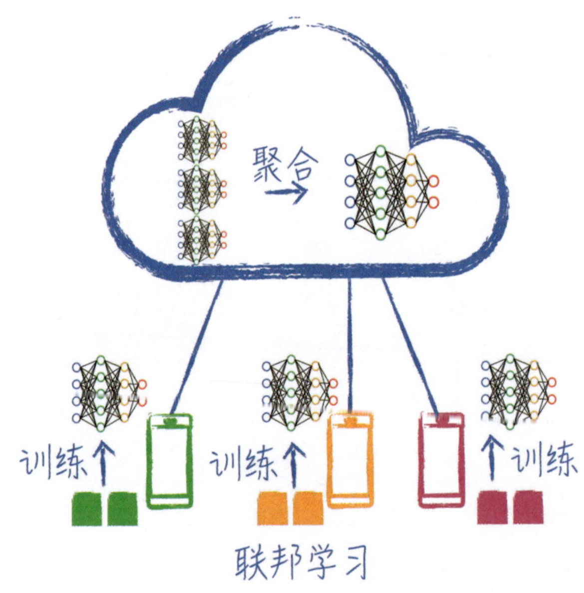

● 图2-13 在联邦学习中，神经网络模型训练在本地设备完成，云服务器负责收集和聚合神经网络模型

可以注意到，在联邦学习当中，用户设备仅需要上传神经网络模型给中心服务器，而不需要发送个人数据，这样的方式一定程度上保护了用户的隐私，同时也减少了对带宽、能耗资源占用。然而，隐私的偷窥者仍有可能根据神经网络模型“猜出”用户设备的本地数据。如果一个用户设备的模型可以以很高的精度识别飞机，而其他用户设备的模型不行，那么，可以猜测这个用户设备大概率有很多飞机的图片。如何避免这个问题，是一个非常有意思的课题。可以采用加噪声、模型加密，又或者是模型压缩的方法避免隐私泄露吗？当然，除

此之外，联邦学习中还有非常多暂未解决的问题等待探索：如果用户设备无法承受训练所需要的算力，有没有好的解决办法？用户设备中途罢工了怎么办？如何对模型进行用户的个性化处理？

作者介绍

唐茗

南方科技大学计算机科学与工程系副教授，博士生导师。2018年于香港中文大学获得博士学位，2018—2022年于加拿大英属哥伦比亚大学从事博士后工作。目前，在计算机网络与通信领域的旗舰会议及期刊共发表论文20余篇。曾获2022年度*IEEE Transactions on Mobile Computing*最佳论文奖。当前担任*IEEE Open Journal of the Communications Society*和*IEEE Internet of Things Journal*编委，并多次担任IEEE旗舰会议技术程序委员会成员。

什么是通信感知一体化

○刘凡

1887年，德国物理学家海因里希·鲁道夫·赫兹（Heinrich Rudolf Hertz）在实验中首次发现了电磁波的存在。他不自信地说道："我认为我发现的无线电波不会有任何实际应用。"然而，在其后一个多世纪的历史进程中，对电磁波的探索与利用彻底改写了人类文明，推动人类进入了信息时代。现代社会的发展与繁荣离不开电磁波。

总体而言，电磁波具有如下三大能力[10]：

一是传递信息：电磁波能够将文字、声音、图像、视频等信息以光速从一点传递到另外一点。

二是感知信息：电磁波在物理环境中传播，可发生反射、散射、折射、衍射等现象，与物理环境相互作用，并能够得出目标的距离、方位、速度等信息。

三是传递能量：电磁波本身携带能量和动量，能够以波的形式在空间中传播，且无须依赖介质。

以上三大能力中，传递信息能力被广泛应用于无线通信系统，如今天大家所熟知的Wi-Fi网络和4G/5G蜂窝网络；感知信息能力则构成了各种无线传感器的基础原理，如雷达系统；传递能量能力则可以用于医学理疗、高频淬火、微波加热，以及无线充电、无线传能等领域。由于篇幅所限，本篇内容仅讨论电磁波的传递信息能力和感知信息能力，以及在此基础上构建的无线通信系统与雷达系统。

现代无线通信技术起源于意大利人古列尔莫·马可尼（Guglielmo Marconi）的跨大西洋通信实验，他也因此被称为“无线通信之父”。尽管马可尼曾经利用电磁波做过目标探测的实验，但雷达技术的发展主要归功于一战、二战时期各国探测预警的军事需求。长期以来，通信与雷达技术的研究领域各自为营，缺乏交叉融合[10]。经过近一个世纪的发展，现有雷达系统与通信系统的硬件架构、信道特性以及信号处理方法已经十分接近，两者的结合乃至一体化已成必然趋势；从应用需求来看，相当一部分的5G、物联网新兴应用需要进行雷达感知与通信联合设计，如智慧工厂、智慧家庭、自动驾驶等。在这一背景下，为高效利用频谱、功率等资源，并服务于多种新兴应用场景，学术界和工业界联合提出了“通信感知一体化（integrated sensing and communications，ISAC）”这一新技术，该技术旨在利用无线通信网络实现雷达感知功能，将无处不在的蜂窝网络、Wi-Fi网络转换为大规模电磁感知网络[11]。

ITU（国际电信联盟）、3GPP（第三代合作伙伴计划）、IEEE等国际标准化组织在通信感知一体化方向展开了广泛研究。其中，ITU和3GPP将通信感知一体化技术分别列为工作项目（work item）和研究项目（study item），围绕其场景需求、关键用例、信号设计、传输协议等多个方面展开研究；IEEE则启动了IEEE 802.11bf：WLAN Sensing标准的研究和起草，旨在对Wi-Fi感知技术进行标准化。此外，美国Next G Alliance、欧盟Hexa-X，以及我国的IMT-2030（6G）推进组均围绕通信感知一体化技术形成了大量标准提案与工业白皮书[12]。2023年6月，ITU在《IMT面向2030及未来发展的框架和总体目标建议书》中定义了6G 总体愿景，标志着6G时代的正式开始。该文件正式确立了通信感知一体化作为6G的六大典型应用场景之一[12]。通信感知一体化能够提供广域多维感知，获取关于未知物体、连接设备和周围环境的空间信息。通信感知一体化将支持自动化、安全驾驶、数字孪生等创新应用，并与人工智能相结合，进一步增强物理环境的感知能力，有望成为各种用例的关键推动因素。

当前，通信感知一体化最受关注的场景与用例（图2-14）包含以下几个方面[11]：

传感服务：主要针对以基站和终端为要素的蜂窝通信网络，利用蜂窝通信信号同时实现感知功能。其用例包括蜂窝网辅助的定位与跟踪性能增强、区域成像、无人机监控与管理等。

智慧家庭：主要针对室内环境中无处不在的Wi-Fi、LoRa等设备组成的智能物联网，使其同时实现通信与感知功能。其用例包括人类行为检测与识别、空间感知计算等。

自动驾驶车联网：主要用例包括感知辅助、车辆编队，以及同时定位与建图（SLAM）等。

智能制造：主要用例包括工业物联网中的大规模机器通信与定位等。

遥感与地球科学：主要针对空中通信网络，如卫星、飞机、无人机等。利用这些飞行器组成大规模通信感知一体化阵列，对地面目标进行遥感遥测。

环境监测：利用无处不在的无线通信信号对环境进行感知与监测，如天气监测、污染监测、病虫害监测等。

人机交互：物体的特征和运动特性可以通过其对某个射频反射信号的时、频、空信息的改变进行表征。主要用例包括利用无线信号进行手势识别，从而极大促进VR/AR等新兴应用的发展。

尽管通信感知一体化技术具有如此广阔的应用前景，但其在基础理论、信号处理、硬件架构、网络部署方面仍然存在诸多挑战。南方科技大学在通信感知一体化信息理论[12-13]、波形设计[14]、感知辅助通信[15]、感知即服务[16]等多个方向取得了研究进展，在国内外学术界与工业界产生了较大的影响力。

我们坚信，得益于通信感知一体化技术，未来的6G网络必将实现“万物感知，万物互联，万物智能”的愿景。

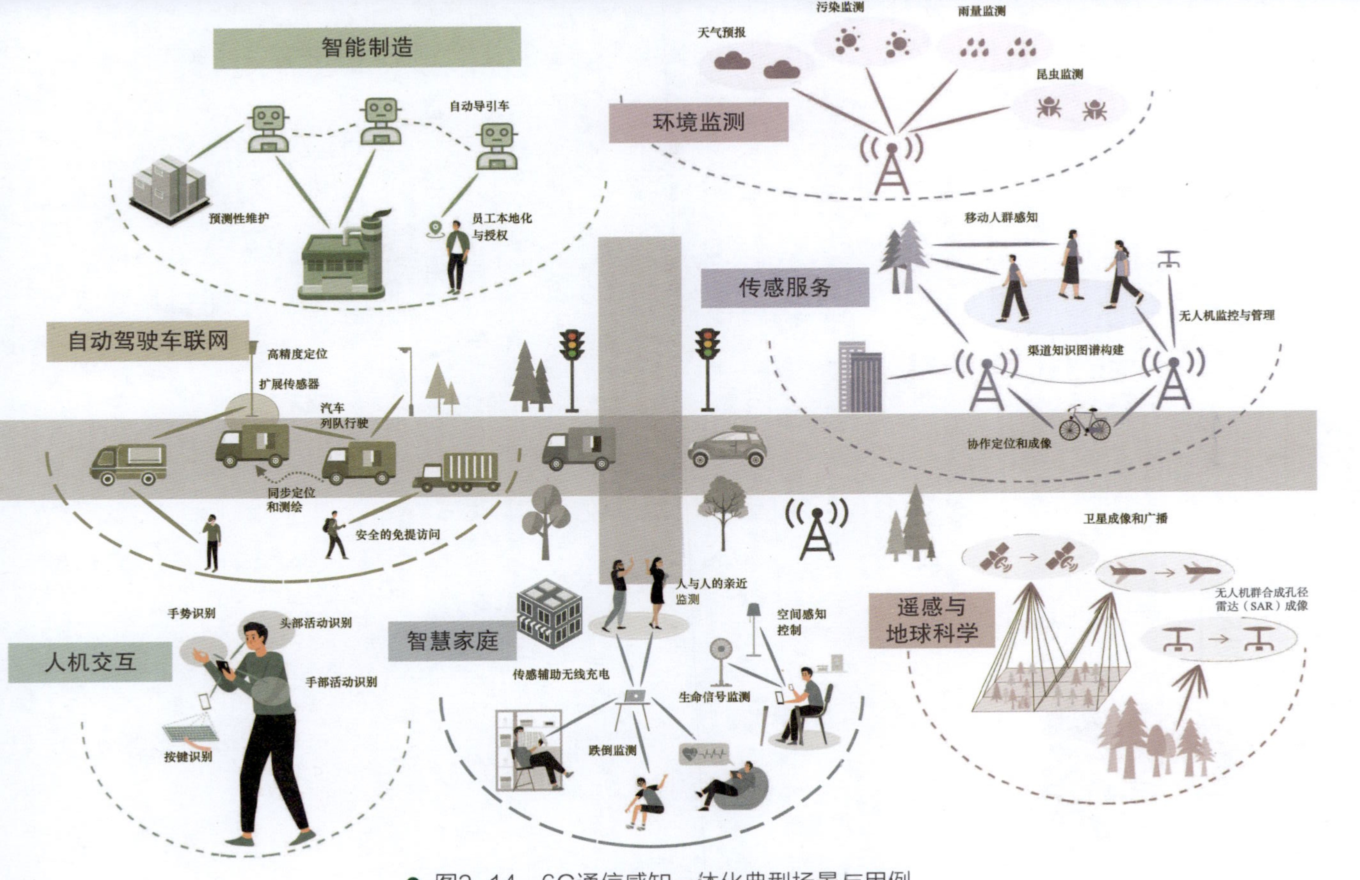
智能制造
自动导引车
预测性维护
员工本地化
与授权
环境监测
天气预报
污染监测
雨量监测
昆虫监测
传感服务
移动人群感知
无人机监控与管理
渠道知识图谱构建
协作定位和成像
自动驾驶车联网
高精度定位
扩展传感器
汽车
列队行驶
同步定位
和测绘
安全的免提访问
遥感与
地球科学
卫星成像和广播
无人机群合成孔径
雷达（SAR）成像
人机交互
手势识别
头部活动识别
手部活动识别
按键识别
智慧家庭
人与人的亲近
监测
空间感知
控制
传感辅助无线充电
生命信号监测
跌倒监测

图2-14　6G通信感知一体化典型场景与用例

作者介绍

刘凡

东南大学移动通信国家重点实验室研究员，博士生导师。入选“中国科协青年人才托举工程”和爱思唯尔2023年“中国高被引学者榜单”，IEEE高级会员。2013年于北京理工大学获得学士学位，2018年于北京理工大学获得博士学位，2018—2020年在英国伦敦大学学院任玛丽·居里学者，2020—2024年在南方科技大学任助理教授（副研究员），2024年12月加入东南大学信息科学与工程学院。在*IEEE TSP*、*IEEE TIT*、*IEEE JSAC*、《中国科学：信息科学》等国内外顶级期刊和会议发表论文100余篇，被引用万余次。获2024年中国电子学会自然科学奖一等奖、2024年IEEE信号处理学会最佳论文奖、2024年IEEE信号处理学会Donald G. Fink最佳综述论文奖、2024年IEEE通信学会亚太杰出论文奖、2023年IEEE通信学会莱斯奖（Stephan O. Rice Prize）、2022年中国通信学会科学技术进步奖一等奖、2021年IEEE信号处理学会青年作者最佳论文奖、2019年中国电子学会优秀博士学位论文等国内外奖项。2024年入选斯坦福大学全球前2%顶尖科学家终身科学影响力榜单。担任IEEE通信学会通信感知一体化新兴技术委员会主席、IEEE信号处理学会通信感知一体化新兴技术工作组副主席、IEEE信号处理学会阵列信号处理专委会委员、IEEE WCNC 2024分会主席，以及*IEEE TCOM*、*IEEE TMC*、*IEEE JSAC*等7个IEEE期刊编委或客座编委。兼任华为技术有限公司独立顾问，IMT-2030（6G）通信感知一体化任务组专家。

如何实现高速移动环境中的可靠通信

○袁伟杰　张克成

现代通信技术的快速发展始于电报和电话的发明。随着电力和电子技术的进步，无线电通信和电视广播开始出现。20世纪末至21世纪初，互联网的普及和移动通信的崛起推动了通信技术的革命，使得人们可以通过电子邮件、社交媒体和即时通信软件等进行全球范围的交流。同时，光纤通信和卫星通信等技术的发展进一步提升了通信的速率和可靠性。如今，通信技术仍在不断演进，当下已经涵盖了物联网、5G网络、人工智能等新兴领域，为我们的生活带来了前所未有的便利[1]。

然而在高铁上，尽管手机显示有信号，但用户普遍的体验是上网和通话效果不佳，这主要是因为现有通信系统并未针对高速移动场景进行设计。在高速移动场景如高速列车、高速汽车或飞机上，多普勒效应、多径传播和信号衰减将会导致信号质量下降，传输错误增加，甚至通信中断[17]。

这里以正交频分复用通信技术为例来介绍基于5G时频域的通信技术。

正交频分复用通信技术就像一个货车队列，队列里有多个可以独立运行的小货车，每个货车装载着不同种类的货物。每个独立运行的小货车，就像是正交频分复用通信中的一个子载波（图2–15）。

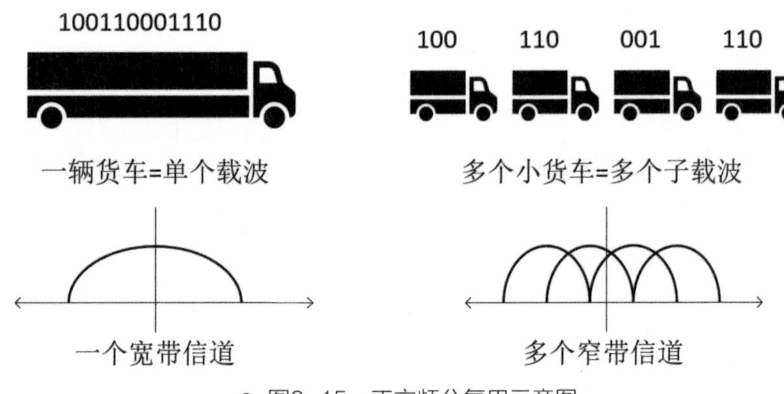

● 图2–15　正交频分复用示意图

现在，让我们来看看每个小货车是如何工作的。每个小货车都装载着一部分货物，并且它们之间没有任何干扰。这意味着每个小货车都可以独立运输货物，而不会影响其他货车。同样地，在正交频分复用通信中，每个子载波都携带着一部分数据，并且它们之间是相互独立的，不会相互干扰。

接下来，我们需要把这些小货车上的货物送到目的地。当货车队列到达终点站时，工作人员会将每个小货车上的货物进行整理和分发。类似地，在正交频分复用通信中，接收端会收到所有的子载波，并将它们进行整理和重建，最后得到完整的信息。

但是，正交频分复用调制技术不能很好地适应高速移动的场景。当发射端或接收端以很高的速度运动时，电磁波会产生多普勒效应，它们的频率会发生变化。这样一来，时频域的信号就会出现相互干扰（无线通信中将其称为子载波干扰），导致通信性能下降。这对于一些需要高速移动通信的场景，比如高铁、无人机、自动驾驶等，是非常不利的。

在高速移动的通信场景下，可以将正交频分复用的子载波干扰想象成运输货物的小货车之间发生了碰撞。此时，小货车中所运输的货物就会被损坏，碰撞越严重，货物的损坏程度也就越严重。同样地，在正交频分复用通信中，子载波干扰越严重，通信性能下降幅度也就越大。

那么，有没有一种调制技术可以克服这个问题呢？答案是有的，那就是基于时延–多普勒域的正交时频空间（OTFS）调制[18–19]。

在正交时频空间调制技术中，它使用了一种“神奇的魔法”，叫作时频联合处理。时频联合处理能够同时在时间和频率两个维度上处理信号。具体来说，正交时频空间调制将信号分解成许多小的子信号，并在时域和频域上进行联合处理，这就像是将信号切成许多小块，每个小块被称为一个“时频单元”。每个时频单元都有自己的标签，包含了时域和频域的信息（图2–16）。通过时频联合处理，正交时频空间调制技术能够对信号的频率偏移进行有效的补偿。当信号经历多普勒频偏时，正交时频空间调制可以对每个小块中的时域和频域进行联合调整，以纠正信号的频率偏移。这样，接收端就可以准确地还原出原始信号，而不受多普勒频偏的影响。通过正交时频空间技术调制，即使在高速运动的飞机或者高铁上，无线通信的信号也能够被有效地重建和还原，保证通信的稳定性和可靠性。

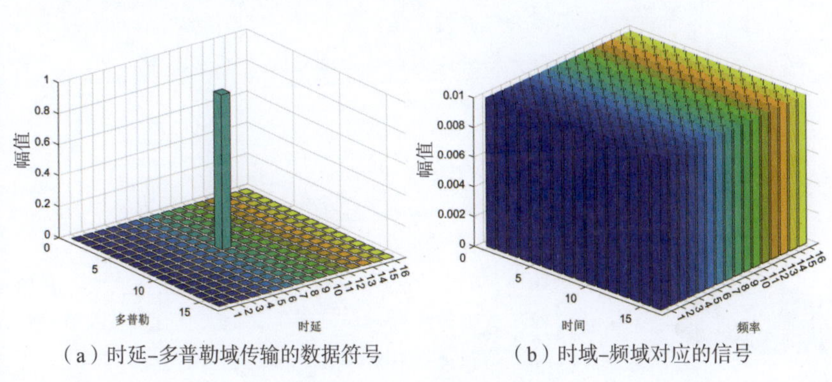

（a）时延–多普勒域传输的数据符号　（b）时域–频域对应的信号

● 图2–16　时频联合处理

这一过程可以想象成工作人员将运输的每一件货物都拆分成小的部件，每个小的部件都被放在一个单独的小货箱中，每个箱子都贴上标签，标明部件的种类和重要信息。而且每个小货箱都被分别放在每一辆小货车中。同时，货车之间还进行了加固连接操作（时频联合处理），使它们牢牢地连接在一起。这样就减小了货物损坏的可能性，保证货物的完整运输。

正交时频空间调制技术除了在高速移动环境中表现出色之外，其在毫米波频段的应用方面也具有巨大潜力。毫米波通信是未来无线通信的重要发展方向，但由于其高频率的特性，信号容易受到多普勒频偏的影响。正交时频空间调制技术通过对时频资源的灵活利用和处理，可以有效地补偿多普勒频偏，提供更可靠的毫米波通信连接。

作者介绍

袁伟杰

南方科技大学电子与电气工程系助理教授，主要研究方向为下一代移动通信、智慧车联网络等，目前出版专著一部，发表学术论文90余篇，担任《IEEE绿色通信与网络汇刊》《IEEE通信快报》《EURASIP先进信号处理期刊》编委，*IEEE Communication Magazine*、《中国通信》首席客座编委，曾获中国电子学会优秀博士学位论文奖、中国通信学会科学技术一等奖、IEEE世界通信大会最佳论文奖。

张克成

南方科技大学电子与电气工程系博士研究生，本科毕业于南方科技大学，主要研究方向为时延–多普勒域信号处理技术，目前担任多个国际期刊和国际学术会议审稿人，以第一作者获IEEE世界通信大会最佳论文奖。

大语言模型为何成为人文社科研究领域的“团宠”

○王雪纯　高媛

“我身高178 cm，体重75 kg，这件衣服我应该穿什么码数？”

“亲，您好！您的身高是178 cm，体重75 kg，根据我们的尺码表，这件衣服您穿XL码就很合身了呢！如果您想要穿得宽松一点，也可以选择2XL码呢！这款现在卖得很火爆，16：00前下单当天就能发货哦！喜欢的话就赶紧下单吧！如果您还有尺码/配送/售后相关的问题，也可以继续向我提问哦！祝您生活愉快!”

生活中你一定经历过上述这样的对话吧。事实上，不论是智能客服，还是AI绘图，又或者是近年热议的ChatGPT，其背后都离不开“大语言模型（large language model，LLM）”，它赋能网络、金融、医疗等行业，深入人们生活的方方面面。那么，“大语言模型”究竟是什么?

大语言模型是什么

用通俗的比喻来说，我们可以把大语言模型想象成一个名叫LLM的学霸，它就像一本活字典，有着超强的学习、记忆能力，它熟读世界上图书馆中所有的书，从历史事件到科学知识，甚至还有文学作品，它都可以和你聊得头头是道。你可以问它任何问题，如天空的颜色和形成的原理，细数行星究竟有多少颗，宇宙背后的物理逻辑是什么、化学逻辑是什么……无论是关于数学、历史、地理、科学，还是其他各种各样的话题，它都可以吸收和提炼所阅读书籍中的知识点，尽力给你一个详细的回答。但其实LLM从来没有看过真实的天空、真实的世界。LLM并不是通过感知、理解、自我学习去认知这个世界的，而是通过人类历史上留存下的大量的、各式各样的材料（包括图像材料），习得了关于这个世界的基本知识，并储存在它的脑海里。

用学术语言来说，LLM是一种具有深度学习（DL）模型的自然语言处理（nature language processing，NLP）技术。LLM的核心思想是，基于ANNs（artifical neural networks，人工神经网络），在一定程度上模拟人类的语言认知和生成过程，通过大规模的无监督训练，学习自然语言的模式和语言结构，出色地完成NLP任务——与人类交互。LLM可以被视为NLP的一种实现方式。LLM通常被认为是当前NLP领域中最先进的技术之一，因为它能够在各种NLP任务中表现得更出色，能够更好地理解和生成文本（包括文本分类、命名实体识别、情感分析和问答系统等），同时还能够表现出一定的逻辑思维和推理能力。LLM的目标是构建一个通用的、具有智能的NLP系统[20]。

LLM在人文社科领域的应用

正是因为LLM在分析和理解文本数据中有着出色的表现，所以近年来它也成了人文社科研究领域的“团宠”。有了LLM的加持，学者们可以加快研究进程、高效地整理研究材料、获得新的洞见和理解。LLM作为NLP的先进技术，可以帮助我们对质性研究的数据文本进行文本归类、标签提取、情感分析等，以及基于网络信息，深入洞察社会行为、情感态度和监控舆情等。具体而言，LLM在人文社科领域的应用可大致分为以下方面：

（1）文学创作和风格模仿：LLM可以学习并模仿各种文学作品的风格和写作方式。

（2）历史研究和分析：LLM可以帮助历史学家处理和分析大量的历史文本，揭示不同历史时期的思想和文化特征。

（3）社交媒体分析：LLM可以帮助分析社交媒体上的大规模文

本数据，了解公众对某个话题的看法和态度。

（4）古代文献翻译和解读：LLM可以用于翻译和解读古代文献，尤其是那些语言学家和学者尚未完全理解的文本[21]。

LLM在人文社科领域的应用具有革命性的影响。人文社科学者利用这一强大的工具，可以加速研究过程、扩展知识边界，更加深入地洞察社会现象背后的本质。但它在为研究者提供便利的同时，也存在许多弊端（表2-1）。因此，目前在人文社科领域应用LLM的过程中仍需谨慎。

表2-1　LLM应用在人文社科领域的优缺点[21]

优点	缺点
1. 自动化研究和分析：LLM可以处理和分析大量文本数据，快速提取信息和模式，以更全面的视角在人文社科领域自动化研究和分析方面发挥作用，帮助研究人员节省大量时间和精力	1. 数据偏见和错误：LLM是通过海量的文本数据进行训练的，但这些数据可能存在偏见和错误。在人文社科领域，特别是涉及敏感话题的研究中，这些偏见可能产生误导或错误的结论
2. 信息检索与文本摘要：面对大量的文献和资料整理，LLM可以用于信息检索，帮助研究人员快速找到所需的文献和资料以进行研究。此外，LLM还可以自动生成文本摘要，帮助研究人员快速了解大量文本的主要内容	2. 缺乏对话能力：LLM在生成文本时通常是单向的，即使有些模型能对话，但它没有真正的认知能力和理解能力，无法像人类一样充分理解情感、背景和语境。在人文社科领域，对话往往是重要的交流和研究形式，模型无法真正与人进行交互，也无法真正理解人，因此限制了其在模拟对话和互动方面的应用
3. 语义理解与文本生成：LLM能够理解语义和上下文，从而更好地处理人文社科领域中复杂的语言和表达方式。这使得它在文本生成方面非常有用，可以用于撰写论文、报告、摘要以及生成对话等	3. 数据隐私与安全问题：LLM在训练过程中使用了大量的文本数据，其中可能包含个人身份信息或敏感数据。虽然在应用时通常不直接使用原始数据，但模型可能记忆其中的部分信息，引发数据隐私和安全问题。保护数据隐私和安全是一个重要的挑战
4. 数据驱动的洞见：LLM在处理大规模数据时，能够挖掘出人文社科领域中的隐含关联和模式，帮助研究人员发现新的洞见和研究方向。这种数据驱动的洞见有助于推动人文社科领域的研究	4. 信息源可追溯性：LLM生成的内容可能缺乏明确的信息源标记和可追溯性。在人文社科领域，引用来源和确认信息真实性是非常重要的，但模型生成的文本往往无法提供准确的信息来源，增加了验证权威性的难度

LLM在人文社科领域的应用为学术研究和社会发展带来了巨大的潜力。它为人们提供了一种全新的思维方式和研究范式，推动了人文社科学科的发展，也为社会问题的解决提供了更加智能和系统化的支持。然而，我们必须认识到在使用这些技术时存在一些关键挑战。学术界乃至业界或许应当通力合作、研究，共同寻求应对挑战的创新方法。通过共同努力，确保LLM在人文社科领域乃至各行各业的应用是以人为本、公正可信的，是为学术进步和社会发展带来积极影响的。

作者介绍

王雪纯

南方科技大学高等教育研究中心访问学生，香港中文大学教育行政与政策学系哲学博士研究生，硕士毕业于南京师范大学教育科学学院，本科毕业于南京航空航天大学外国语学院。研究方向为高等教育国际化、知识图谱、元分析、教育经济与管理、混合研究等。

高媛

南方科技大学助理教授。于2016年获得澳大利亚墨尔本大学博士学位，师从牛津大学Simon Marginson教授。硕士毕业于英国布里斯托大学教育学院，本科于北京大学获得文学及经济学双学士学位。曾于澳大利亚墨尔本大学教育学院、维多利亚大学教育体系国际研究中心及拉筹伯大学教育公平与多样化研究中心担任研究员职位。

为什么说“小智”是实验室的新搭档

○索红日

自2016年英国人工智能公司DeepMind的AlphaGo在围棋游戏中挑战并击败了世界围棋冠军，机器学习的方法就在各个领域的实践探索中脱颖而出，不仅在方法学和技术成熟度上有了快速发展，而且在包括学术研究在内的许多领域取得了重要成果。2022年，DeepMind公司在蛋白质折叠的生物学方向取得了重要突破：在国际蛋白质结构预测竞赛（CASP）上，AlphaFold 击败了其他选手，精确、快速地预测出蛋白质的3D结构，人工智能再一次大显身手。

在材料科学的研究中，科学家常常需要在实验室里面进行大量的实验工作。一直以来，科学家依赖传统的试错法，通过不断的试错和纠错才能找到性能良好的功能材料。这种方法通常耗时、耗力，难以满足快速的材料迭代需求和解决日益严峻且复杂的能源、化工、环境等问题。机器学习模型以数据为基础，算法为核心，模型为指引，预测为目的，在功能材料的高效设计与合成、性能预测与机理探讨等方面，可以给予我们很多启示与指导。因此，机器学习模型——“小智”成了材料科学家们在实验室里的新搭档。

那么“小智”是如何工作的呢？

“小智”的训练（图2-17）

机器学习是由数据驱动以寻找规律和建立模型的研究方法。因此，用来训练的数据的质量和数量是提高模型性能的关键。机器学习可以使用各种类型数据，包括时间序列、图像、传感器信号、文本和化学公式、空间构型、三维点云和原子映射等结构数据。常见的数据获取方法包括从相关数据库中直接获取，或通过计算机技术从文献和网页抓取，也可以通过理论模拟计算和实验研究等方法来获取。目前，已建立起了多种专项数据库，如基于实验研究获得的无机晶体结构材料数据库（ICSD）、晶体学开放数据库（COD）和剑桥晶体数据库（CSD），以及基于理论模拟计算的开放量子材料数据库（OQMD）和哈佛清洁能源项目（HCEP）数据库等。接下来，便是数据的处理。在把数据“喂给”小智训练之前，需要对其进行处理，该过程被称为数据预处理（preprocessing），也称数据清洗（data cleaning）。在数据预处理阶段，需要保证单位的统一性以及数据的完整性。然后进行特征提取（feature extraction）和特征选择（feature selection）等步骤，即数据的分类工作。

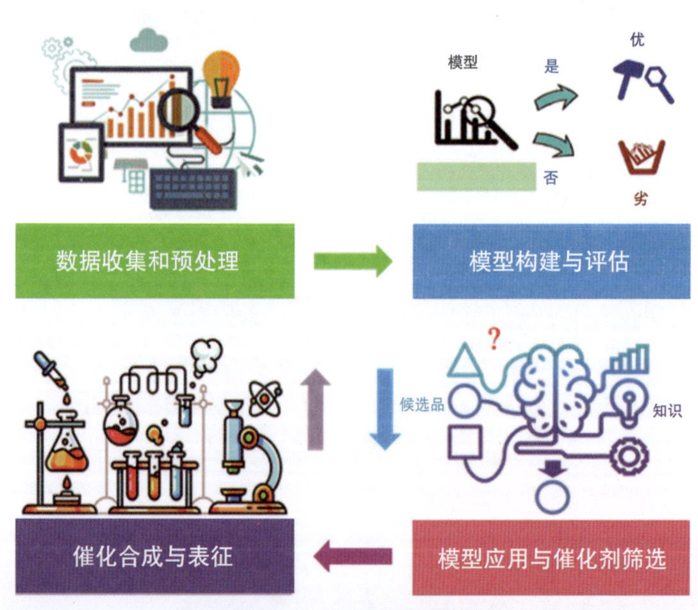

● 图2-17　“小智”的训练

选用适当的机器学习算法是实现准确预测的重要步骤。目前常见的机器学习算法有支持向量机（support vector machine，SVM）、决策树（decision tree）和神经网络（neural network）等。各个算法所基于的底层建模原理迥异，因此它们各有优劣，需要针对具体问题来进行选择，也可以通过比较不同机器学习模型的回归效果来选择。

| “小智”的“考试”

众所周知，即使是训练有素的机器学习模型也可能输出错误内容，这些错误是由训练数据中的噪声、测量的局限性、计算的不确定性，或异常值或数据的缺失导致的。检验机器学习模型准确性的关键是它能否成功应用于未出现过的数据。因此，模型训练的目的在于能够依托现有的数据关系，来预测不包含于数据库中的数据信息，我们称之为模型的泛化能力（generalization ability）。在实践中，一般将泛化能力作为最主要的评估指标。模型应用是可通过遗传算法等实现对某种特定元素组成的材料进行元素配比或其他相关变量优化。结合神经网络的泛化能力与遗传算法的优化能力，科研人员可以借助“小智”的指导，快速找到新材料和开发具有良好性能的材料。

| “小智”的强化升级

在获得较好的预测性能后，主要通过实验制备和表征这些新的材料所获得的数据对模型进行强化升级。将这些新的数据更新进“小智”的数据库，再次训练模型，通过筛选和制备迭代，优化“小智”的泛化能力以及有效限制模型预测的不确定性。

| “小智”的成果与挑战

目前，机器学习方法在材料、能源、化工等领域取得较多成果。Barnett团队通过机器学习模型的预测合成出高性能的气体分离膜，打破了传统膜材料设计依靠经验的局面。此外，机器学习在催化剂设计、优化及性能预测领域也备受瞩目。南方科技大学Suo团队的研究表明，机器学习模型的迭代和优化过程的收敛非常迅速，经过两轮实验和模型迭代，发现了一种新型高效烟气脱硝催化剂。Suzuki团队利用元素特征（如原子序数、原子质量、原子半径、电负性、熔化焓、密度和电离能等）构建了催化性能预测模型，并以该模型为基础寻找潜在的高性能催化剂。Noh团队通过主动学习算法设计出与CO_2还原反应相关的高精度催化剂预测模型，并发现了一种性能优良的CO_2还原催化剂。事实上，在人工智能时代的大背景下，科学研究领域势必打破传统研究手段甚至思维习惯。“小智”的虚拟形象（图2–18）也是本文作者利用Midjourney AI绘图在1 min之内画出的，而不是用传统的平面设计软件画的。

● 图2–18 “小智”的虚拟形象

未来，机器学习辅助的材料筛选和优化方法的核心仍然是数据。目前主要的挑战是有效数据偏少和不全，因此利用现有数据训练出来的机器学习模型在材料筛选和预测中具有较大的不确定性，特别是针对新型材料研发，因为新，所以数据少，这种不确定性更为显著。除了通过开展新的实验和对机器学习模型进行迭代来增加数据和更新数据库外，如何改进算法，增强数据有效性，在有限的数据条件下提高机器学习模型的预测精度也是当今一大挑战。此外，机器学习除了能够从成功实验数据中获取有效信息外，也能从失败实验数据中找到规律。然而目前几乎没有公开发表的失败的数据。因此如何全面利用失败的数据是“小智”面临的另一挑战。

作者介绍

索红日

南方科技大学工学院研究副教授，获吉林大学无机化学专业博士学位，牛津大学化学系SCG–COE技术研发中心和沃尔夫森催化中心博士后研究员，牛津大学The Alan Howe Prize（最佳指导教师奖）获得者，牛津大学贝利奥尔学院Holywell Manor机构成员。致力于研究功能无机材料的设计合成及其在Green Chemistry、碳减排和新能源等领域的应用。发表国际学术论文20余篇，申请国际专利10余项。

轻松读懂高科技

材料与物理篇

Materials

and Physics

03

为什么可以“火中取电”

○李尚阳　贾宝海　何佳清

火与电都是人类文明社会的重要发现，火的使用伴随了人类文明的整个发展史，而对电的认识和使用则开始于1831年英国物理学家法拉第发现的电磁感应现象。当爱迪生的白炽灯点亮电气时代的每一个黑夜时，电就与人类的生活息息相关了。然而可控的电能无法从自然界中直接获取，需要利用复杂的设备将其他形式的能量转换为电能。

传统的化石能源发电缺点日益凸显，各类新型能源设备正逐渐发挥着其优势，造福人类。风力机械挺直脊梁，舒展长臂利用机械能产生电能；太阳能电池板敞开胸怀吸收烈日之精华，利用光生伏特效应创造电能；水力发电则是利用高海拔处水的重力势能冲击水轮机使得转子和定子进行相对运动切割磁感线而产生电能；地热能通过超长的重力热管导出蒸汽推动汽轮机发电。但金无足赤，各类新型能源设备也有着各自的弊端，如太阳能发电和风力发电明显受到天气条件的限制。有没有一种发电策略可以“两全其美”，既能在丰富的场景发电，发电过程又稳定可靠呢?

温差发电作为一种绝对公平的普适性发电策略，能不受资源类型的限制，进行全天候发电，在诸多方面拥有着绝对的优势。正如其名，有温度差即有电势差。内蒙古锡林浩特市的胜利电厂有着世界上最高的“大烟囱”，其高达225 m的双曲面冷却塔要承担的任务是将余热散入大气，以获取温度足够低的循环冷却水。火力发电等传统能源发电简单来说就是“花式烧开水”的过程，将工质液体变为工质气体，推动汽轮机带动发电机进行发电。而工质气体推动汽轮机做功后成为乏气，系统总能量也就是焓值降低，需要冷却水将其重新液化进行循环“烧水”，此过程将大量废热散入大气。

当前，初级能源的有效利用率仍然有限，向大气排出的废热占总能源利用率的2/3。我国废热回收利用率每提高1%，将节约500万吨标准煤。但废热作为一种低品位的能源，其利用面临着传统热力学回收手段效率低、系统复杂、技术经济性不高等问题。温差发电却几乎是充分利用不同品位热能最重要的手段，可直接解决大部分问题，这便是科学家们不懈执着于研究温差发电的原因。

利用温差发电的模式有很多种，斯特林发电机、热电发电机、海洋温差发电甚至太阳能聚光热发电都可以算作广义的温差发电模式。其中热电材料的独特之处在于其并不过多依赖于类似外燃机的机械装置，仅依靠材料自身的性质即可直接将热能转换成电能，结构简单。制成的热电发电器件（图3–1）凭借其进行热电转换时无噪声、无排放、无污染，同时又具备性能可靠、工作稳定、使用寿命长等优势轻松脱颖而出。

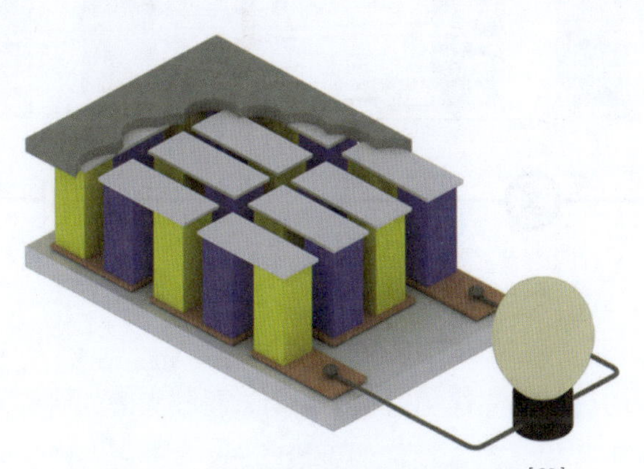

● 图3–1 平板型热电发电器件结构图[22]

近年来，利用热电转换技术将大量废热转化为电能的发电方式引起了很多发达国家的重视。一些新兴应用研究如垃圾焚烧发电中的废热发电、炼钢厂的冷却水的废热发电、利用汽车及发动机尾气中的废热进行发电，并通过热电系统为汽车提供辅助电源等都正在进行。另外，航天器与核电站这些特殊使用场景对高输出功率的热电转换器件都有着相当的战略需求。

在推进热电转换技术应用的同时，科学家也不断进行高性能热电材料的研究和探索。热电材料将热能转换为电能的效应被称为泽贝克效应（seebcck effect）［图3-2（a）］，而将电能转换为热能的效应被称为佩尔捷效应（peltier effect）［图3-2（b）］。相对高的电导率与泽贝克系数，足够低的热导率，是科学家们筛选高性能热电材料的关键标准。但是想要将三个参数同时进行优化，难度堪比登天，往往顾此失彼，难以直接实现热电性能的提升。材料的热导率由载流子热导率与材料的晶格热导率构成，其值为两项的简单加和，专注于降低晶格热导率则可以相对独立地降低材料的热导率，进而提升热电相关性能。

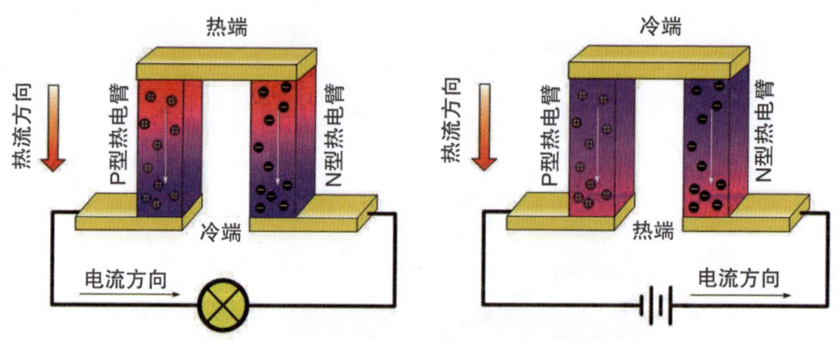

（a）热电发电器件中泽贝克效应的示意图　（b）热电制冷器件中佩尔捷效应的示意图

● 图3-2　热电效应原理图

在最近的热电性能优化策略中，南方科技大学的研究人员提出了一种利用熵工程提升热电性能的手段（图3-3）。人们常常用“覆水难收”解释混合熵问题，意味着这种熵的增加是一个不可逆的过程。而在材料科学中，通过在材料中引进大量具有不同大小和质量的原子，无序原子间各有差异，却又彼此团结，使得材料成为稳定的高熵单相固溶体。打乱材料原有的晶格秩序，可以极大地阻碍热量在材料中的传导，降低材料热导率。当前该策略在中温区热电材料GeTe、PbSe和SnTe中被成功应用，实现了材料热电性能的优化。

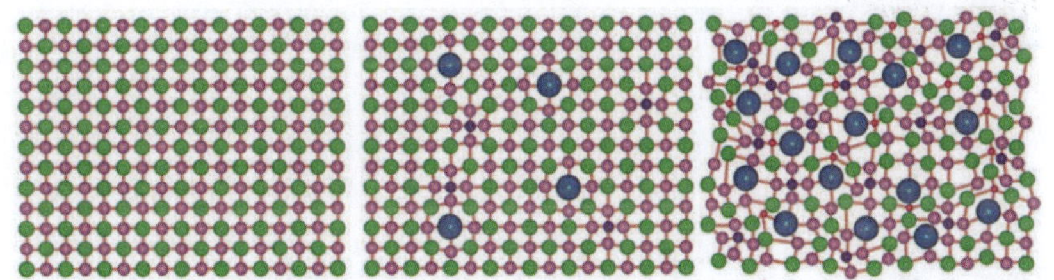

● 图3-3　熵工程对晶格影响的示意图[23]

在富兰克林通过风筝实验“掌控”雷电之后，热电转换技术让人们对热的掌控也更得心应手。一方面，热电材料可以“火”中取电，另一方面热电材料还可以凭自身本领以电制冷。热电材料技术不仅可以应用于地热能发电、火力发电和核能发电等大型电站以提高其综合发电效率，还可以设计制成微型器件以增强芯片散热的能力。同时，随着科技的不断发展，热电材料的性能不断提升，阻碍热电器件应用的难题也会逐步得到解决。热电材料的温差发电技术将有助于推动实现“碳中和”的战略目标。热电材料的应用前景广阔，致力于温差发电研究的科学家们相信，它将成为推动社会可持续发展的新动力。

作者介绍

李尚阳

南方科技大学物理系硕士研究生，导师为何佳清教授。2022年本科毕业于哈尔滨工业大学（威海）新能源学院。主要研究方向涉及热电材料、热电器件仿真等。

科技热点篇　电子与信息篇　材料与物理　生物与科技篇　地球与环境篇

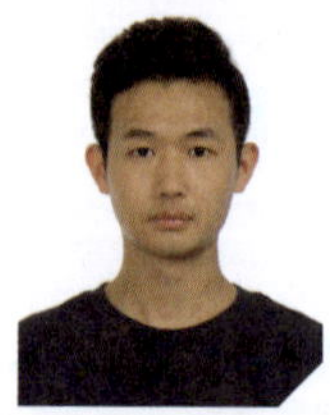

贾宝海

南方科技大学物理系博士后。博士毕业于南方科技大学物理系，导师为何佳清教授。主要研究方向为中低温区热电材料与器件。

何佳清

南方科技大学物理系讲席教授。1998年获得武汉大学物理学学士学位；2004年获得武汉大学和德国于利希研究中心联合培养的物理学博士学位；2004—2012年先后在美国布鲁克海文国家实验室和美国西北大学工作。研究方向主要包括透射电子显微学、热电材料和结构与物理性能关联性。在SCI期刊上发表论文280余篇，其中包括在*Science*上发表的7篇和*Nature*上发表的3篇等；文章被引用32 000多次，h指数86。多次进入科睿唯安全球“高被引科学家”和爱思唯尔“中国高被引学者”榜单。

什么是第三代半导体

○赵骏磊　陈俊廷　化梦媛

在新旧世纪之交的2000年，瑞典皇家科学院宣布，将本年度诺贝尔物理学奖授予3位杰出科学家：俄罗斯的若列斯·阿尔费罗夫（Zhores I. Alferov）、德国的赫伯特·克勒默（Herbert Kroemer）和美国的杰克·基尔比（Jack Kilby），以表彰他们为现代信息技术所作出的奠基性贡献，特别是由他们分别发明的快速晶体管、激光二极管和集成电路技术。其实，这三项划时代的科技进步共同归属于一个由20世纪伊始萌芽，在20世纪下半叶引发全球技术革命，深刻塑造人类现代文明，并在21世纪依然方兴未艾的科技分支——半导体材料和技术。那么半导体材料是什么？第三代半导体技术又有哪些最新代表呢？

什么是半导体材料

半导体材料是指常温下导电性能介于导体与绝缘体之间，并且导电性可以调控的材料。它具有特殊的物理性质，能够在某些条件下既表现出导电性，又表现出绝缘性。这种可调控的电学性质使得半导体成为制造各种电子设备和计算机芯片的基本材料之一。半导体的发展历史可以追溯到19世纪末，当时，科学家们通过对电流的研究发现，某些物质在高温下会导电，而在低温下会绝缘。这种现象引起了科学家们的兴趣，并在接下来几十年中积累了大量实践经验。在20世纪上半叶，随着宇宙基本粒子之一——电子的发现，原子基本结构的揭示以及量子力学的确立，这个现象逐渐得到了基础物理学的解释并应用于技术发展。基于半导体材料的半导体技术应运而生。

最早被关注的半导体材料是金属硫化物，它们在19世纪末20世纪初被用于实验室研究。然而，真正引发半导体革命的是硅（Si）和锗（Ge）。20世纪40年代末至50年代初，科学家们发现高纯度硅和锗是最适合制造半导体器件的材料，这一发现奠定了20世纪下半叶现代半导体技术的基础。20世纪70年代，随着对材料性质的优化和改进，第二代半导体材料砷化镓（GaAs）和磷化铟（InP）被广泛应用于各种射频和光学电子设备中，砷化镓在射频电子学和通信领域得到了广泛应用，而磷化铟则在光电子学和激光器等领域表现出色。20世纪90年代至21世纪初，以碳化硅（SiC）和氮化镓（GaN）为代表的第三代半导体材料逐渐从实验室研究步入应用技术领域。碳化硅是一种耐高温高压的材料，被用于制造功率器件和高温电子器件。氮化镓则主要应用于发光二极管、激光器射频器件和功率器件等领域（图3-4）。到2023年为止，半导体技术领域一共诞生了9项诺贝尔物理学奖工作（分属7个年份），共有16位科学家获此殊荣。

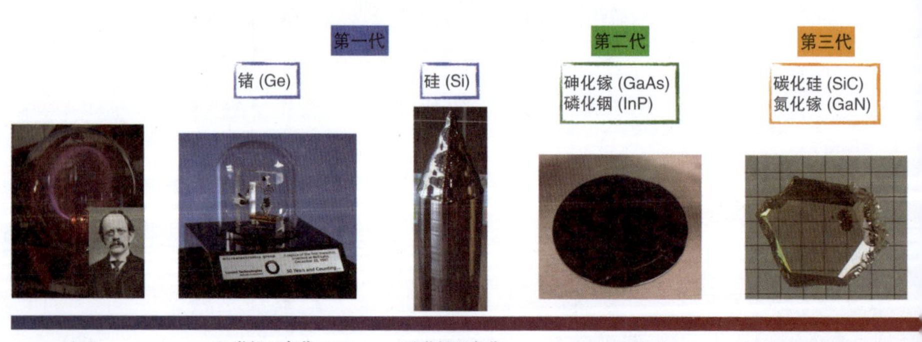

● 图3-4　半导体材料发展简史及各阶段的代表性技术

随着半导体材料的发展，人们逐渐深入了解半导体的物理性质。半导体的导电性取决于其原子结构和核外电子能级。在晶体中，半导体原子的外层电子轨道按能量高低被分为价带和导带。较低能量价带中的电子是被束缚在特定原子核周围的，不能自由移动，如原地站立的红色小人（图3–5），而较高能量的导带中的电子则能够自由地在原子间移动，如不停奔跑的绿色小人。在纯净的本征半导体中，价带和导带之间存在能量间隙，阻止电子从价带跃迁到导带。不同的半导体材料有不同的能量间隙，如硅的能量间隙为1.1 eV，而氮化镓为3.5 eV，所以氮化镓比硅更耐高压。通过额外添加掺杂物或施加电场等方法，可以改变本征半导体的导电性，使其产生我们在技术应用中所需求的电学性质。

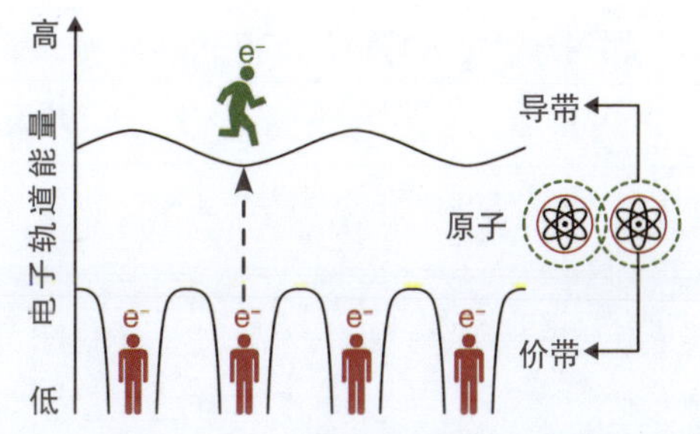

● 图3–5　半导体中的电子“小人”通过由空间上不重叠的价带向空间上重叠的导带跃迁以实现材料导电性的改变

第三代半导体技术有哪些

半导体技术的发展促进了电子设备的革命，不断推动着电子产业的进步。从我们日常使用的智能手机、平板电脑和电视等设备，到超级计算数据中心、全球电力网络和量子计算机，都离不开半导体技术的支持。随着科技的不断进步，人类所需的电子器件的尺寸越来越小，功耗越来越低，而性能却越来越强大。然而，由于常用的硅半导体受限于其材料物理性能极限，不足以满足在有限尺寸的电子器件中实现更高电压、更快开关速度和更强性能的应用需求，所以近十几年来，科学家们一直努力尝试使用新型的半导体材料替代硅制造各类电子器件。其中，最新第三代半导体材料氮化镓在新一代半导体技术中扮演着重要角色（图3–6）。

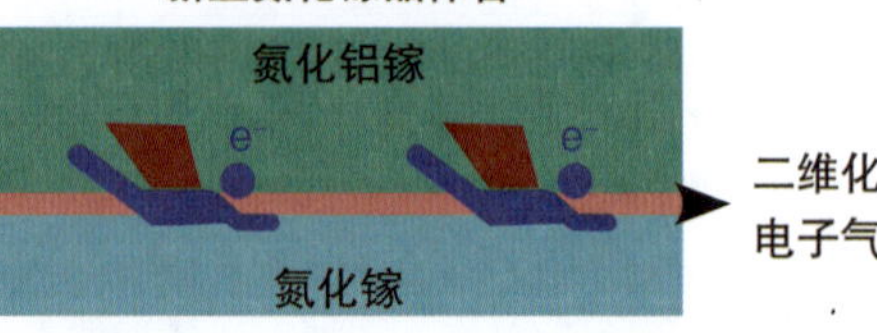

● 图3-6 新型的第三代氮化镓半导体器件较之于传统硅器件可以实现更高效率的应用需求

正如前面提到的，半导体氮化镓的应用最早开始于发光二极管的制造，这一技术突破为照明产业的革新奠定了基础。随后，科学家们发现氮化镓在高功率电子器件方面具有巨大潜力，如功率放大器和射频开关等，这些应用对于无线电通信、雷达和能源系统等领域的发展至关重要。这里我们将重点探讨一种基于氮化镓开发的电力电子器件——氮化镓高电子迁移率晶体管。晶体管是一种重要的基础电子器件，具有控制电流流动的能力，被誉为现代电子技术的里程碑，如今已经成为现代电子技术的核心。氮化镓高电子迁移率晶体管是一种重要的晶体管构型，被广泛应用于高频通信和功率放大领域。

氮化镓晶体管主要由两部分组成：氮化镓的电子沟道层（电子阱）和氮化铝镓势垒层。在这两层之间形成了一个二维电子气，其中电子能够在二维方向上自由移动，但在垂直方向上被束缚。这种二维电子气是氮化镓晶体管的关键特性之一，氮化镓晶体管的基本工作原理也在于调控电子在二维电子气中的输运。当施加一个正电压到源极，电子在二维电子气中能朝向源极流动。然后，通过调控栅极电压，可以控制栅极下方二维电子气中的电子浓度，使得二维电子气在关断和开启状态之间高速转换，从而控制器件的导电性能。由于氮化镓的晶格结构和材料特性，电子在二维电子气中的迁移率非常高（如图3-6）。氮化镓晶体管具有出色的高频特性和低噪声性能，适用于高速通信和射频放大器等，而且同等尺寸的氮化镓晶体管［图3-7（b）］相较于硅功率晶体管［图3-7（a）］可以承受高得多的电压，通过更大的电流，是高性能电力电子器件的主流发展方向之一。

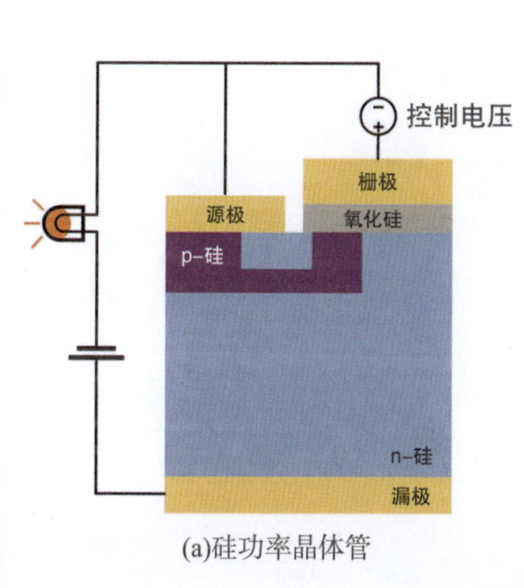

(a)硅功率晶体管

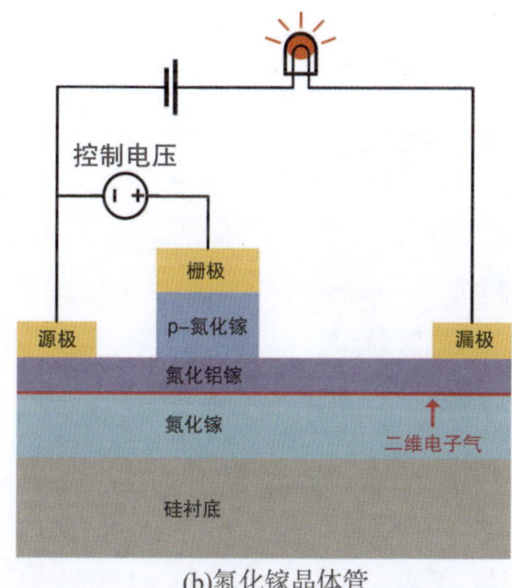

(b)氮化镓晶体管

● 图3-7　硅晶体管和氮化镓晶体管工作原理

针对氮化镓晶体管性能的各种改进是目前半导体技术最前沿的课题之一，最新的发展方向之一是提高晶体管的功率密度和效率。科研人员正在致力于开发新的结构和材料来提高器件的功率输出和能源转换效率。例如，引入新的材料和工艺，包括氮化铟镓、氮氧化镓合金等来进一步提高氮化镓晶体管的性能。另一个最新发展方向是在微纳米尺度上对氮化镓晶体管进行优化。通过精确控制器件的尺寸和形状以实现更好的电流传输和电场控制。这些微纳米尺度的优化有助于提高氮化镓晶体管的工作速度和可靠性。

半导体材料和技术是一个集合了基础物理理论、精密材料工艺和复杂器件设计与应用的多领域前沿科技分支，是现当代人类文明集体智慧的结晶。我们有理由相信，在未来，半导体技术将依然深刻影响和推动人类社会的进步，拓宽人类文明的视野，也让我们每个人的生活更加高效、便捷和丰富多彩。

作者介绍

赵骏磊

南方科技大学电子与电气工程系研究助理教授。本科毕业于香港理工大学应用物理系，后于芬兰赫尔辛基大学物理系先后获得物理学硕士与博士学位。研究领域集中于材料物理性质的多尺度计算，目前主要研究方向为新型半导体材料理论计算模拟。

陈俊廷

南方科技大学和香港科技大学联合培养博士生。本科毕业于南方科技大学电子与电气工程系。研究领域为氮化镓电力电子器件。

化梦媛

南方科技大学电子与电气工程系副教授，获香港科技大学工学院博士学位，清华大学物理系学士。主要研究方向为宽禁带半导体电力电子器件与芯片，包括器件先进制造工艺、测试表征技术、半导体器件物理、器件可靠性等。

什么是电致变色智能窗

○王金龙

钱锺书先生说："有了门，我们可以出去；有了窗，我们可以不必出去。"从古代的纸窗到如今的透明玻璃窗，窗户对于建筑物来讲越来越重要，它们不仅使我们房屋建筑变得美观，还极大地扩展了我们的视野，提升了居住空间的开阔度和舒适度。然而，随着科技不断进步和人们对居住环境舒适度要求不断提高，室内空调制冷和制热需求不断增加，玻璃窗作为建筑物与外界能量交换的关键通道，产生了大量能源浪费，约占一次能源消耗的24%。为了有效降低能耗，"智能窗"应运而生，它可以自动调节进入室内的外界太阳光辐照强度，以此减少对空调制冷或制热的依赖。

"智能窗"概念最早于20世纪80年代由美国科学家卡尔·兰佩特（Carl M. Lampert）和瑞典科学家克拉斯·戈兰格兰奎斯特（Claes-GOran Granqvist）提出，他们制备了以电致变色薄膜为基础的新型智能窗，随后不同类型的智能窗逐渐涌现并受到广泛关注和应用。1999年德国德累斯顿一所储蓄银行的建筑第一次使用电致变色玻璃制成的可控制外墙，2005年法拉利跑车挡风和顶棚玻璃也采用了电致变色智能窗技术，2008年波音787将电致变色智能窗技术应用到了飞机舷窗上以调节光线强弱，淘汰了机械式舷窗遮阳板。

与传统静态窗户相比，智能窗（图3-8）可以主动调节外界太阳光辐照和光线进入室内的强度，但它通常需要电、热、光和力等外界的刺激进行调控，由此可以分为电致变色、热致变色、光致变色和力致变色等智能窗。那么电致变色智能窗是如何调节太阳光辐照的呢？

● 图3-8 智能窗

根据波长分布，能够穿过大气层直接照射到建筑物上的太阳光谱可以分为紫外光谱（295～380 nm）、可见光谱（380～760 nm）和红外光谱（760 nm～2.5 μm），而波长小于295 nm和大于2.5 μm的太阳辐射被地球大气层吸收，不能到达地面，因此智能窗主要通过改变自身光学性能实现对295 nm～2.5 μm的太阳光谱选择性透过的调控，具有从透明态到着色态的不同模式，满足建筑物在一天中不同时间和不同季节对采光和隔热性能的需求（图3-9）[24]。

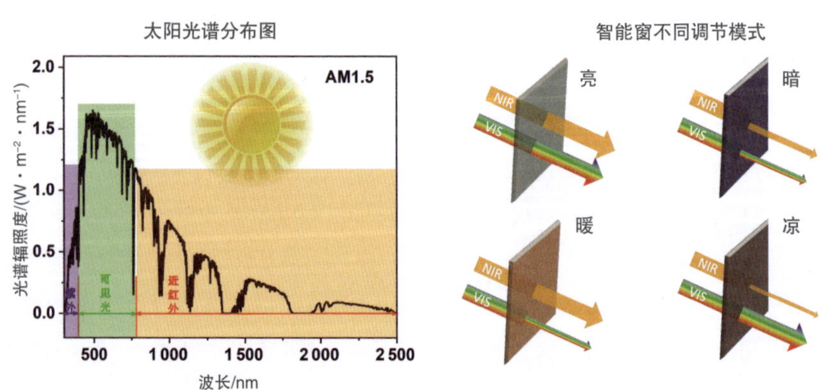

● 图3-9 太阳光谱分布和智能窗不同调节模式示意图

电致变色智能窗是一种具有多层结构的智能窗口，由透明导电层、电致变色层、凝胶电解质层和离子储存层组成（图3-10），其工作原理是电致变色层材料在外加电场作用下发生氧化还原反应使得材料的带隙发生改变，进而发生颜色、透过率或吸收率等光学性能的可逆改变，从而控制太阳光谱的射入，达到降低能耗目的[25]。

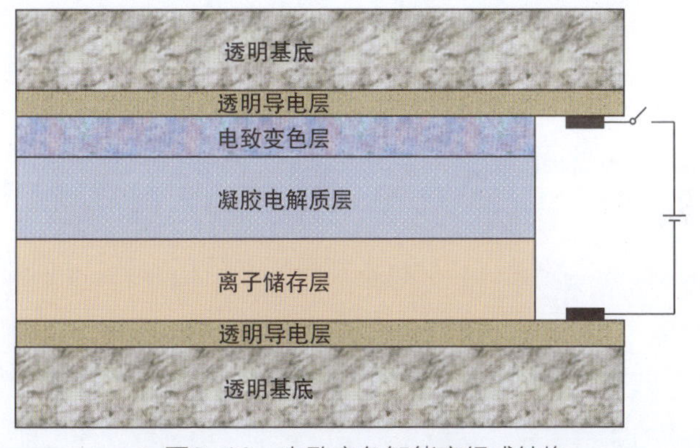

● 图3-10　电致变色智能窗组成结构

电致变色材料可以分为有机、无机和金属配合物等材料，其中有机材料主要包括紫罗精及其衍生物以及聚吡咯、聚苯胺和聚噻吩类导电聚合物，它们具有颜色丰富、响应时间快和光学调制率高等优势；无机材料主要包括氧化钨、氧化镍、氧化钼和氧化钒等过渡金属氧化物，它们具有工作温度范围广和稳定性好等优势；金属配合物主要由金属阳离子与配体之间通过配位键结合而成，包括多吡啶金属配合物、普鲁士蓝（PB）及其类似物、金属酞菁等，它们具有色彩丰富的优势。不同种类的材料为智能窗的制备提供了丰富材料基础，使得可以根据不同地区的建筑需求以及个人喜好不同定制不同色彩和功能的电致变色智能窗。

以研究最多和最常见的无机电致变色材料氧化钨为例，它的工作原理是：在负电压作用下电解质层中的离子M^+（H^+、Li^+、Na^+、Al^{3+}等）发生迁移并与电子同时注入氧化钨中，形成钨青铜化合物（M_xWO_3），实现了从半导体状态到准金属状态的转变，其带隙也发生相应改变，颜色变为蓝色，其对整个光谱的吸收/反射作用增强，降低了太阳光谱的透过率；在正向电压作用下，注入氧化钨中的离子脱出并进入离子储存层，氧化钨回到透明状态，太阳光谱透过率增大。上述化学过程是可逆的，通过改变电压可以实现智能窗的可逆光学性能调控。

衡量电致变色智能窗的主要性能指标包括：①响应时间，即电致变色材料发生颜色或透过率变化时所需时间，取决于导电层导电率、电解质层离子导电率以及离子在电致变色材料中的扩散特性，时间越短智能窗性能越好；②光学调制率，即电致变色材料在不同工作状态下的光学透过率之差（ΔT），该性能取决于电致变色材料的用量以及其本征特性，ΔT越大证明窗口的光谱调节能力越强，此外通过改变电压大小也可以控制ΔT大小；③着色率（CE），即单位面积电致变色材料发生透过率变化所消耗的电荷量，与材料本征特性和结构有关，CE越高，电子利用率越高，也就是说越节能；④记忆效应，即电致变色智能窗在撤去电信号之后的颜色保持能力，优异的记忆效应可以有效减少因频繁切换状态而导致的能量消耗；⑤循环稳定性，即智能窗的使用寿命，主要通过多次可逆循环之后其着色态和透明态与初始状态相比所产生的变化值来衡量，与工作环境、工作电压以及材料结构有关。

随着材料化学学科的不断发展，通过化学或物理合成方法以及材料掺杂改性技术实现了不同性能电致变色材料的可控制备，电致变色智能窗技术不断进步和成熟，并逐渐应用于信息显示、智能防伪、传感、变色眼镜以及汽车防眩后视镜等多个领域。

通过电致变色智能窗，我们可以利用建筑物对太阳光谱的调控，在让建筑物更为美观的同时降低能耗，相信其将成为未来新型节能建筑必不可少的一部分，助力我国节能减排，实现“双碳”目标。

作者介绍

王金龙

南方科技大学材料科学与工程系助理教授，于中国科学技术大学获博士学位。致力于一维金属及半导体纳米材料的合成、组装及其在电致变色、光电探测等柔性电子器件中的应用研究。已发表国际学术论文40余篇，论文被引用2 500余次。

核磁共振领域为什么会多次产生诺贝尔奖

○曲建飞

自美国物理学家拉比发现核磁共振（nuclear magnetic resonance，NMR）现象，到核磁共振信号被检测出来，直至其逐渐应用于各个领域，核磁共振领域一共产生了5次诺贝尔奖，有7位科学家获奖，因此，核磁共振领域也被认为是诺贝尔奖的“收割机”（图3-11）。

● 图3-11　核磁共振领域历届诺贝尔奖获得者

伊西多·艾萨克·拉比（Isidor lsaac Rabi）于1898年出生在波兰，4岁到美国，本科就读于康奈尔大学，1927年在哥伦比亚大学获得物理学博士学位。1930年，拉比和他的合作者研究发现，原子核在磁场中会沿着磁场方向平行排列，此时额外施加一个无线电波后，其自旋方向会发生翻转。这是人类历史上第一次发现了原子核与磁场及外加射频场之间的相互作用。拉比进一步改进了这一研究方法，通过共振法更加精确地测量出原子和分子的磁性。因此，1944年的诺贝尔物理学奖颁给了拉比。

采用拉比发明的技术检测原子核的自旋，需要将样品汽化后暴露于磁场中，哈佛大学物理学家爱德华·米尔斯·珀塞尔（Edward Mills Purcell）教授则开发出了一种更为简便的测试方法，不再需要将样品气化就能确定原子核的共振频率。1946年，美国斯坦福大学的费利克斯·布洛赫（Felix Bloch）教授在水中检测到了质子的核磁共振信号。两人几乎同时采集到了核磁共振信号，开发了一种精确测量核磁信号的方法，使得研究分析不同材料的组分成为可能。因此，1952年的诺贝尔物理学奖颁给了布洛赫和珀塞尔。

瑞士科学家理查德·罗伯特·恩斯特（Richard Robert Ernst）在核磁共振仪器制造商Varian公司工作期间，尝试使用单一的强脉冲取代原来弱的连续扫描无线电波来激发整个光谱，对采集到的信号进行傅里叶变换后，得到了高分辨率的核磁共振谱，这使得核磁共振技术可以被用来分析更多类型的原子核以及微量样品，大幅提高了灵敏度以及成像速度，自此核磁共振技术渐趋成熟。此外，恩斯特还开发出了二维核磁共振技术，利用这一技术，可以研究生物分子与其他物质的相互作用，研究化学反应速率，鉴定化学结构等。由于其在核磁共振波谱学、傅里叶变换以及二维核磁共振技术等方面的重大贡献，恩斯特荣获了1991年的诺贝尔化学奖。

瑞士化学家库尔特·维特里希（Kurt Wüthrich）将核磁共振波谱技术应用到了水溶液生物大分子的结构分析中，对生物学领域做出了巨大的贡献。维特里希进一步革新了传统核磁共振技术，开发了一种确定蛋白质、核酸以及其他生物大分子在水溶液中构象的方法，为结构生物学和分子生物学的发展做出了前所未有的贡献。基于这一成就，维特里希获得了2002年的诺贝尔化学奖。维特里希目前是上海科技大学特聘教授，是首批拥有“中国绿卡”的诺贝尔奖获得者。

1973年，美国科学家保罗·劳特伯（Paul Lauterbur）在《自然》

杂志发表一篇开创性的论文，阐述了核磁共振可以用于医学领域，且能够在不伤害人体组织的情况下进行成像，该论文被列为21世纪最具影响力的21篇论文之一。英国科学家彼得·曼斯菲尔德（Peter Mansfield）进一步采用数学方法精准描述核磁共振信号，为磁共振成像（magnetic resonance imaging，MRI）技术由理论到临床应用打下了基础，被认为是“磁共振成像的创始人”。曼斯菲尔德以自己为研究对象，将自己垂直夹在机器的磁铁里，首次得到了一张大尺寸的人体磁共振图像，这一实验不仅验证了MRI技术的可行性，而且对MRI技术的发展做出了突出的贡献。基于以上成就，两人共同获得了2003年的诺贝尔生理学或医学奖。

之所以核磁共振相关领域能多次产生诺贝尔奖，这与其广泛的应用密不可分。目前，核磁共振已经成为化学、物理、医药和生物等领域不可或缺的研究技术。同时，磁共振成像也已经成为医学领域无损伤检测疾病的重要手段。

那么核磁共振是什么呢？核磁共振是指原子核在外部磁场中产生的共振扰动现象。然而，不是所有的原子核都可以产生核磁共振信号，当原子核的质量数和原子序数均为偶数时，自旋量子数等于零，这一类原子核不产生核磁共振信号。只有自旋量子数不等于零的原子核，才能产生核磁共振信号。原子核在外加磁场中的共振频率（ω_{o}）与磁场强度（B_0）成正比，满足$\omega_{\mathrm{o}} = \gamma B_0$公式，其中$\gamma$为旋磁比，每一种原子核都有各自的旋磁比。将原子核置于外加磁场后，原子核外部电子绕核旋转的同时，会产生一个与外加磁场相抵消的额外磁场，进而使得原子核周围的磁场强度发生改变，因而其共振频率也发生了变化。因此，通过测定原子核的共振频率，就可以判断出该原子核所在的化学环境，从而对化合物结构进行鉴定。

核磁共振主要用于化学结构的鉴定，包括天然产物化学和有机合成化学；同时可以用来研究动态过程（如反应动力学、研究平衡过程等）；同样在生物领域也有很多的应用，如蛋白质、DNA、多糖等物质的三维结构的研究，以及代谢组学的研究。

核磁共振波谱仪通常是由操作工作站、机柜、超导磁体、前置放大器、探头以及室温匀场系统六部分构成（图3-12）。超导磁体通常是将铌钛或者铌锡等超导材料制成的超导线圈置于液氦中，大电流一次性励磁后，闭合线圈，产生稳定的磁场。高强度的磁场可以限制核磁共振信号的灵敏度。室温匀场系统是安装在磁体底部的一套载流线圈，通过抵消由样品或者探头等对场的影响来提升场的均匀性。探头用来放置样品、发射激发样品的射频信号以及接收样品发回的信号。探头位于磁体底部，在匀场线圈内部。探头将接收到的信号传递给前置放大器，由其将一般较弱的核磁共振信号放大。通过核磁共振波谱仪得到的核磁共振频谱（图3-13）可以测定化合物结构。

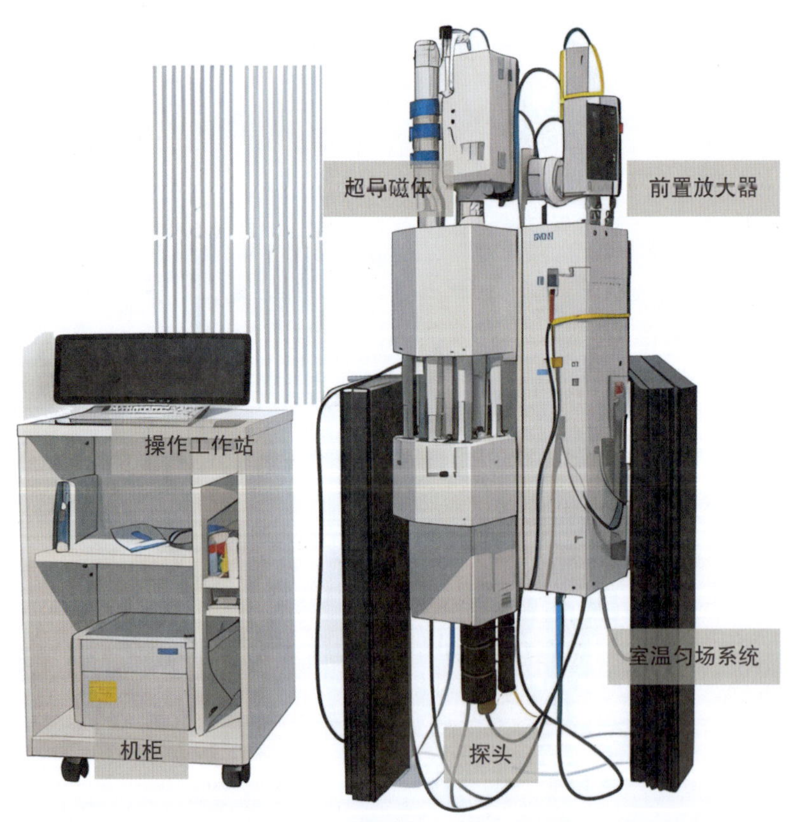

● 图3-12　核磁共振波谱仪的主要构成

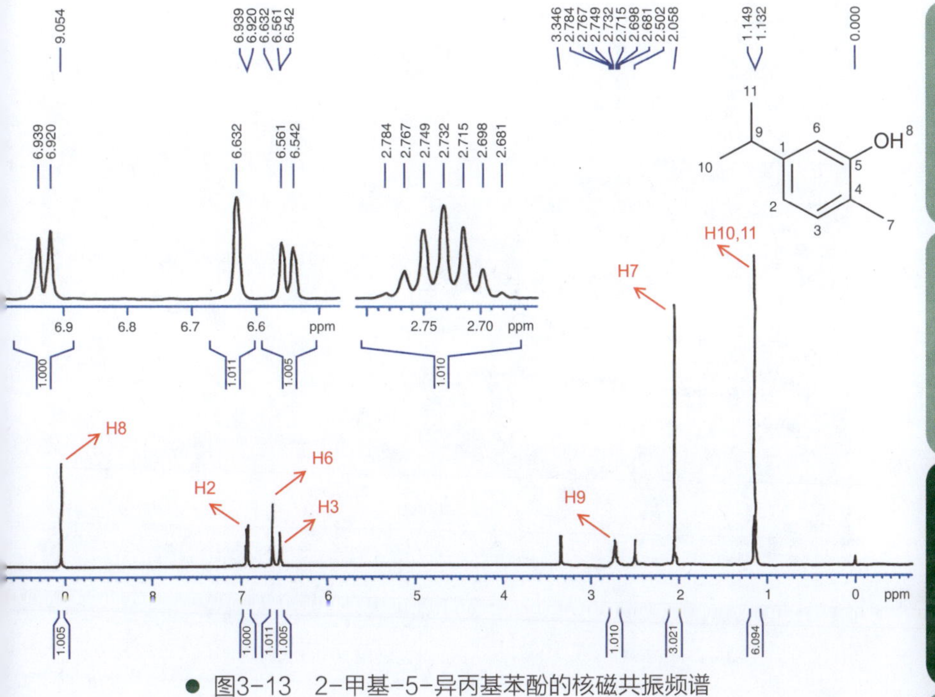

● 图3-13 2-甲基-5-异丙基苯酚的核磁共振频谱

核磁共振还有一个最重要的应用是MRI，也是我们去医院检查时所说的“核磁检查”（图3-14）。

随着计算机、电子电路、超导等技术的发展，MRI技术也迅速地发展了起来。其主要原理就是将人置于一个外加磁场中，通过一段射频脉冲使得人体组织内的原子核发生进动而产生信号，由计算机进一步处理后成像。由于人体的各个组织中含有大量的水以及碳氢化合物，氢的灵敏度高，且氢的磁旋比更大，信号更强，因此，氢原子核是人体MRI的首选核种。磁共振信号强弱与氢核的多少密切相关，因此人体不同组织之间、正常组织与病变组织之间的氢核密度、弛豫时间等参数的差异，成为MRI技术用于疾病诊断的物理基础。

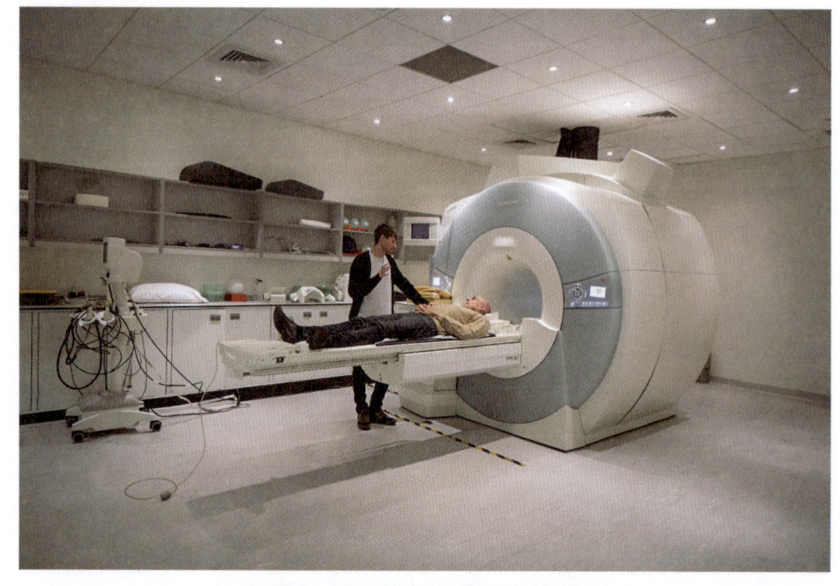

● 图3-14 患者正在进行MRI检测

MRI尤其适用于人体的软组织成像检测。与电子计算机断层扫描（CT）相比，它不使用X射线，也不具有破坏性电离辐射。此外大脑、脊髓、神经以及肌肉、韧带和肌腱等软组织采用MRI检测，得到的图像比常规X光片和CT更加清晰。

相信随着超导技术、成像技术、电子技术、图像处理和计算机科学技术的飞速发展，核磁共振的应用领域将会进一步扩大。也许就在不远的将来，核磁共振领域会再次产生诺贝尔奖。

作者介绍

曲建飞

南方科技大学化学系研究助理教授，化学系第五党支部书记。本科毕业于吉林大学化学学院，于中国科学院长春应用化学研究所获得博士学位，2018年南方科技大学博士后出站。目前主要负责化学系公共仪器平台核磁共振波谱仪的管理维护以及样品测试。

光对人体有什么影响

○贺号

光明是人类和绝大多数生物对世界最直接和最初的认知。在人类文明的起源和早期阶段，出现了大量对太阳、火等与光有关的宗教崇拜；大量的生物也都具备趋光的本能。光，对人类来说，不仅是和空气、水等同样不可或缺的生存要素，也是人类获取信息、认知世界的关键途径。我们习惯了沐浴在阳光里，当阳光照亮世界的时候，光与我们之间发生了哪些有趣而又深刻的相互作用过程呢？

人类对光的追逐是出于本能，直到牛顿进行分光实验时，人类才第一次意识到阳光并不是一种简单的物理现象，我们所看到的白光居然包含了复杂的光谱。再到光是一种波还是一种粒子的世纪大讨论的时候，人们已经明白，光的背后蕴含着更加深刻的物理内涵。从波粒二象性到量子光学的发展，以及近年来对于光子角动量操控和纠缠光子对的量子通信与量子计算，我们对光的物理本质的认知已经达到了前所未有的深度。那么，当光照射到我们人类身上的时候，又发生了哪些过程呢？光又是如何影响我们的生理过程呢？

光在介质中的传播

为了分析这个问题，我们首先需要知道一些基本的物理概念。当光在任何一种介质中传播的时候，永远都伴随着被吸收；而当介质中存在折射率变化的小颗粒时，光会发生散射。不同的分子对光的吸收会有不同的规律，有一个大致的规律是光的波长越短，光子能量越高，就越容易与分子发生相互作用，被分子吸收。光的散射过程非常复杂，如果颗粒非常小，尺寸仅为光子波长的百分之一（如一些分子，仅为纳米量级），则会发生瑞利散射。这种散射有一个经验规律，光的散射量与波长的四次方大致成反比，也就是说，光的波长越短，其瑞利散射量则会急剧增大。如果颗粒的尺寸达到了微米量级或更大一些，则会有米散射，它的规律与瑞利散射类似，散射量与波长的平方成弱反比。同样地，波长越短，则散射越强烈。如果颗粒足够大，尺寸达到了光子波长的很多倍，在颗粒的界面上还会出现反射，在颗粒内发生折射与吸收。

只要太阳光在大气中传播，吸收和散射两个物理过程就始终在发生。太阳光中包含了从γ光子等波长极短的波段一直到远红外、微波等波长极长的波段。大家都有一个非常直观的体验，就是站在阳光下，总会觉得温暖甚至炎热，这正是由于阳光中的红外成分加热了我们身体中的水分。对人类而言，γ光子，X射线、深紫外光等波长较短、光子能量较大的光谱成分，可能对人体造成损伤，但由于大气的吸收，太阳光到达地表时，这些光谱成分基本都已经损耗殆尽，人类和动物就是这样被大气有效地保护着。但在青藏高原等大气相对稀薄的地区生活时，太阳中的紫外成分远多于平原地区，人们就需要注意加强防护以避免紫外线的伤害。

吸收与散射这两个基本物理过程，使得我们用眼睛看到的天空是蓝色的，这是因为太阳光到达地表时，剩下的可见光和近红外成分中，蓝紫光的散射量最大。由于紫光的波长更短，光子能量更高，大气中的分子和其他悬浮物对其吸收效率更高，同时，我们的眼睛对光的探测效率在绿光波段达到峰值，向紫光或红光方向探测效率均降低，眼睛对蓝光的敏感性比紫光高很多。因此，在散射、吸收、探测的共同作用下，我们才会看到一片蓝色的天空。

同样，我们看到水是透明的，其实这个“透明”，是因为我们的眼睛对可见光波段敏感。从水对光的吸收谱（图3-15）可以看到，水在蓝紫光波段的吸收率最低，而在红外波段，有非常高的吸收率，所以水不是透明的。我们都有一种体会，就是夏天在露天的游泳池里游泳时，尽管毒辣的太阳可以透过透明的水照在我们身上，但却不会感觉到热，这除了水本身的冷却效果外，还由于水对阳光中的红外成分吸收率非常高，阻断了红外成分加热我们皮肤中的水分。同时水对紫外成分的吸收率很低，所以暴露在太阳下游泳需要做好防晒，避免太阳中的蓝紫光和紫外成分晒伤皮肤。

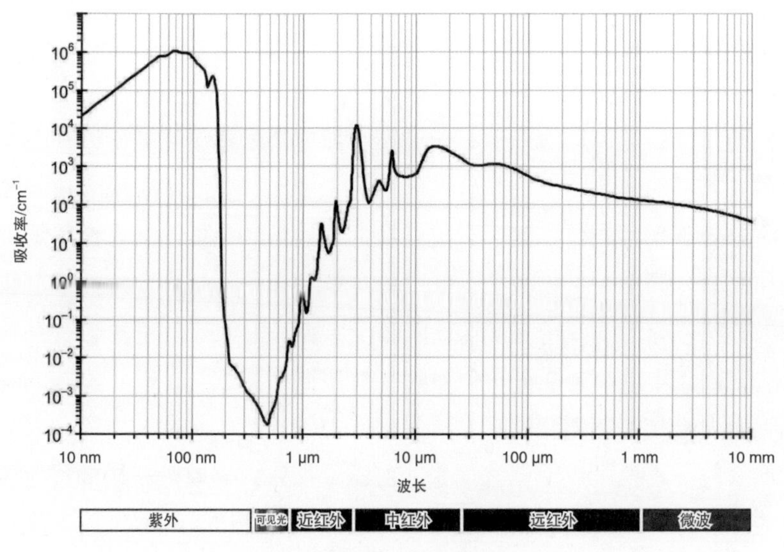

● 图3-15　水对光的吸收谱

根据这些例子，可以看出，分析光在一种介质中的传播和影响，需要了解这种介质对光的吸收和散射过程。而我们人体是极度复杂的生物系统，包含了无数种不同类型的分子，而且又有极其复杂的生理结构，所以产生了在每个尺度上都在不断变化的折射率分布，这就使得我们无论是分析生物体对光的吸收还是散射，都非常困难。

| 光与人体的相互作用

不管是人类还是动物，大部分体表都被皮肤严密地保护着。皮肤表面有致密的角质层，以及复杂分层结构的表皮层和真皮层，表皮层、真皮层之间的基底层与棘层中富含大量黑素小体，这些结构基本阻断了光向生物体内的传播。

所以当我们接收太阳的照射时，大部分光子都仅仅到达表皮，少量可以到达真皮的最上层。太阳光中，短波段的光子，特别是紫外光和蓝紫光，由于单光子能量很高，可以直接与细胞内的多种分子相互作用，对细胞内的一些蛋白产生失活等损伤效应；更为显著的过程是紫外光和蓝紫光可以扰动细胞的呼吸作用，产生大量的活性氧自由基簇，或直接催化水中的氧，使得细胞产生氧化应激和氧化损伤，形成组织水肿和炎症。皮肤中的炎症因子又可以激活相应的免疫反应，以及上调一系列黑色素的表达，角质细胞形成新的角质等。所以长期暴露在日光下的皮肤晒伤往往会伴随红肿、变黑和脱皮（角质老化与新角质形成）现象，严重时会有皮肤炎症。值得一提的是，可控的紫外光和蓝紫光照射，可以激活皮肤中的免疫反应，对不少免疫性皮肤疾病以及痤疮等产生一定的治疗效果。

太阳光中的红外成分可以直接加热皮肤中的水分，让人类和动物体感温度升高，感觉到温暖。近年的研究发现，一定范围内的红外光的热效应，不仅可以使血管扩张，血流量加快，有效提高局部代谢效率，促进循环，而且会对皮肤中的神经炎症恢复以及一些细胞的发育起到积极的促进作用，因此红外光也被广泛应用于理疗。

可见光与生物相互作用的机制最为复杂。绝大多数具有视觉的高等生物，特别是人类，在出生之后，虽然眼睛已经具有了主要的生理结构，但其视觉神经与功能并未发育完全，需要可见光的反复刺激，才能形成完备的视网膜并对光进行响应，此外，视觉神经向皮层和中枢的投射与连接也需要较长时间才能建立。对于绝大多数生物而言，视觉响应一般都在可见光波段。2019年，中国科学技术大学薛天教授课题组完成了一项非常有趣的工作（发表于期刊*Cell*），他们给小鼠的视网膜植入了对红外光敏感的材料，让小鼠可以“看到”红外光，从而使它们具有强大的夜视能力。这样的新型小鼠立刻表现出了巨大而有趣的变化，尤其体现在它们的生物钟以及夜间行为方式的改变，这些小鼠的认知能力也有了显著性提高。

可见光的光子能量适中，一般不会对人体产生显著性伤害，也没有明显的加热作用。可见光一般可以与生物体中的多种色素分子相互作用，如绿光可以被血红蛋白大量吸收，蓝光可以被细胞中的黄素（flavin）吸收，而黑色素则可以吸收几乎所有的波段。因此，在医学中，可见光波段的激光广泛地应用于多种色素类疾病和瘢痣的治疗，如黄绿光波段的激光可以治疗鲜红斑痣；针对色素沉积，根据其颜色使用相应的高吸收波段的激光，可以直接破坏色素分子，达到治疗效果；通过毛囊对于可见光的高度吸收，可以取得激光脱毛的效果。有趣的是，近红外波段的激光也被广泛地应用于医学美容中。在美容领域，有一个非常著名的技术，叫“光子嫩肤”。它的基本原理是，红外光波长较长，散射较少，传播深度较深，其对皮肤的处理深度可以达到真皮层。通过红外光的热效应，利用较高功率的红外激光，直接加热破坏位于真皮层的胶原蛋白。旧有的胶原蛋白被破坏后，皮肤通过自我修复产生新的胶原蛋白，这些新生的胶原蛋白排列更加规则紧密，让皮肤有更好的弹性，从而达到“嫩肤”的效果。

丨 人体的光学窗口：眼睛

“眼睛是心灵的窗口”。事实上，人类的情绪表达需要多个面部器官和肌肉共同协同完成，眼睛只是其中的一环，但眼睛确实是一扇窗口，是人体中唯一一个光学窗口，它可以让光进入，并对光产生响应，将光学信号转化为神经的电信号，通过视神经、视觉皮层，传导给中枢，在我们的大脑中形成影像。所以说眼睛是我们观察世界最重要的渠道。

眼睛是一台高精度、高性能的生物照相机，其结构（图3–16）极其精巧。角膜相当于相机镜头最外面的透明防尘罩和隔光罩，晶状体就好比是相机的镜头（晶状体的英文lens，正是透镜的意思）。在谍战和科幻电影中经常出现的进入重要场所和保险库需要验证的虹膜，就好比是相机的光圈（它的英文iris，也正是光学小孔的意思）。光线经过晶状体的汇聚，在视网膜上成像，视网膜就是一个性能非常强大的感光元件，它将外部的光学信号转化为神经电信号，信号沿着视神经向大脑传播。人类视网膜的感光敏感度，几乎强于世界上绝大多数相机的感光元件。如在夜晚，我们的眼睛可以非常轻松地看清整个星空，而几乎很少有相机可以呈现这一美景。

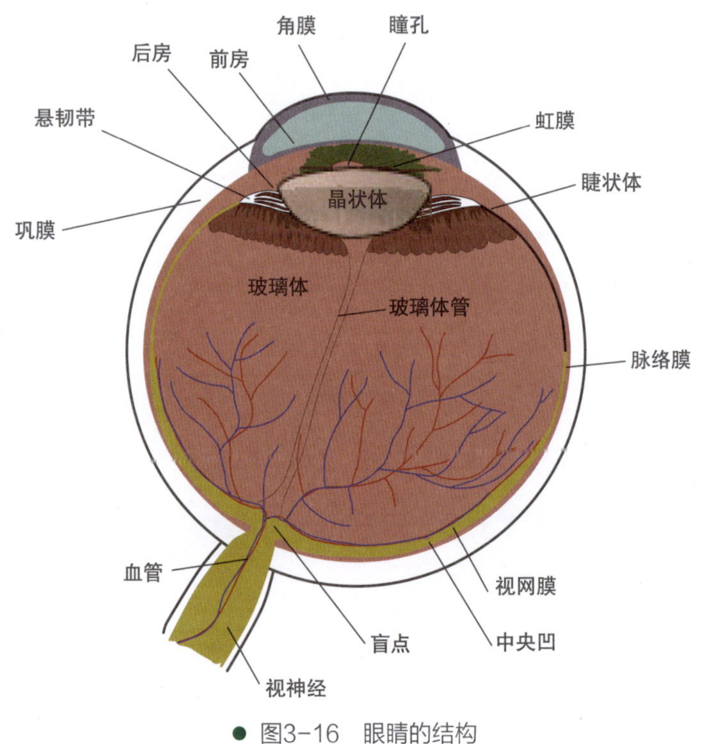

● 图3-16　眼睛的结构

眼睛这个“相机”的变焦，是通过眼部的肌肉调节眼轴距离来实现的，玻璃体正是用于配合调节眼部肌肉的精密部件。而这样一台高精度、高性能的相机，毫无疑问需要良好的保护和支持系统，眼球外侧的巩膜富含大量的血管，为整个眼睛提供能量。眼睛中的房水不断循环，让眼睛保持湿润和润滑，并带走有害物质和外部入侵物。这一系列元器件环环相扣，精密运转，让我们拥有一个清晰的视觉。然而，越是精密的机器，就越脆弱。当眼部的肌肉过于疲劳，或由于衰老，肌肉调控能力下降时，眼睛的变焦能力就会急剧下降，这就是老年人中常见“老花眼”的原因；而在青少年中，由于长期过度用眼，尤其是使用电脑、手机，或在光线不足的环境中阅读书籍，可能会导致眼轴过度伸长变形，形成屈光不正，这就是俗称的“近视眼”；当眼睛长期在强光中暴露，导致虹膜需要过度伸展以缩小瞳孔，降低入光量，可能会导致虹膜疲劳而向前或向后闭合封闭房角，导致房水无法正常循环，使得眼压过高，视力快速降低，从而形成“青光眼”。倘若角膜由于炎症或意外损伤，透明性受到影响，则会直接导致失明。此外，突然的撞击、机械运动甚至是打喷嚏，都有可能让视网膜从眼球上脱落，导致失明。因此，眼睛这样一台精密的仪器须很好地保护。

| 生物光子学：一个快速发展的前沿交叉学科

在人类和绝大多数高等动物中，眼睛几乎是唯一一个对光敏感的器官，视锥细胞和视杆细胞是唯一可以对光响应的细胞。那么，有没有可能让其他细胞也对光产生响应呢？近年来出现的新技术，光遗传学（optogenetics，也可翻译为光基因）技术就创造性地使用一种光控蛋白，通过转基因技术，可以让任意细胞对光产生响应，如这种技术可以给神经元安装上一种被蓝光控制的离子通道，蓝光的照射可以控制离子通道的开关，而使得神经放电。通过这种技术，人类第一次可以主动精确地在动物水平调节单个神经元的放电过程。2019年，*nature*，*science*，*cell*期刊分别有5篇论文报道了光基因技术和多光子成像技术对动物大脑关键神经元的观测与调节，使得人类可以主动给动物移植视觉、记忆、运动、鸣叫等高等功能，并发现大脑调控这些复杂功能仅需少数几个神经元即可实现。科幻电影中的“植入（inception）”几乎成为现实。这就是光和生物这两个学科交叉之后的奇妙产物，而这种令人惊叹的研究仅仅是生物光子学领域众多研究方向中的一个。

俗话说得好，万物生长靠太阳。上述内容仅仅介绍了一些光与生物相互作用的基础知识和例子。但毫无疑问，光与生物的交叉仅仅是一个开端，它不但可以影响我们的生理机能，还会深刻影响我们对世界和自身的认知。

作者介绍

贺号

上海交通大学生物医学工程学院教授，博士生导师。本科毕业于中国科学技术大学少年班系，博士毕业于香港中文大学电子工程系。2011—2014年在天津大学精密仪器与光电子工程学院任副教授，2014年至今在上海交通大学生物医学工程学院历任长聘副教授、教授。一直研究光学生物调控的技术与机制，集中于飞秒激光刺激调控细胞钙离子通道及其在生物医学领域应用的研究。主持国家自然科学基金优秀青年基金、重大计划等6项国家自然科学基金项目，以第一作者或通讯作者在*Nature Photonics*，*Nature Biomedical Engineering*，*Cell Research*等期刊发表SCI论文50余篇。获2012年中国光学重要成果奖，2020年中国生物医学工程学会青年学者奖，入选“2021年上海市35人科技引领计划”等。

为什么光纤可以作为监听器

○沈平 刘奂奂 肖伊鸿

电影《阿凡达》中有一幕是，男女主角来到灵魂树，他们的发梢与树枝相连，便能听到森林中的声音。现实生活中，是否真的会存在一种“透若玻璃、细如发丝、长比海河”的物质，正在大洋彼岸传输你的声音？

答案是肯定的，它就是光纤。光纤在我们日常生活中无处不在，它可能出现在我们的路由器旁边，也可能存在于海底的光缆、输送电力的电缆里。光纤在通信中起着不可替代的作用，是一种利用光信号传输信息的技术，具有传输速度快、容量大、抗干扰强等优点，全球已铺设光缆的总长度达50亿千米。光纤不仅可以用来通信，还可以作为传感器。光纤传感技术就是利用光在光纤中传播时的物理特性来检测温度、应变、压力、振动等物理量的技术，以实现对外界环境的“监听”。光纤传感技术具有抗电磁干扰、高灵敏度、长距离传输、多参数测量等优点，已经在通信、医疗、能源等领域得到了广泛的应用。

什么是光纤?

光纤是由纤芯、内包层、外包层构成的。纤芯的主要材料是SiO_2，普通单模光纤的直径为125 μm，纤芯的直径只有几微米，大约只有人类头发细丝的1/10粗。由于光纤的包层折射率与纤芯折射率的不同，光在光纤中传输遵循全反射定律，光信号会被束缚在光纤中并且低损耗地向前传输。此外，由于光纤中SiO_2分布不均匀，光与粒子相互作用会导致光在光纤中产生散射，这些散射会导致前向传输光能量的损失，但也给我们带来了分析外界信息的机会。分布式光纤传感技术就是根据光纤中的背向散射光信息，实现对外界环境的监控。

为什么光纤能够对外界进行监听？

20世纪70年代，二战结束，世界冷战开始，特工们提出了一种无接触的窃听新技术——设备对准马路对面的玻璃就能听见窗内说话的声音。这套窃听器看似神奇，实际原理非常简单。房间内有人说话的时候，声波会传递并且使窗边的玻璃发生振动，玻璃的振动跟屋内人说话声音的频谱相同，特工们利用发光装置照射这块振动的玻璃，收集从玻璃反射的光就能还原屋内说话的声音。光纤的纤芯也是玻璃材质，因此可以将一定长度的光纤当成多个窗户叠加在一起，用探测光去探测这些玻璃，也能还原外界的情况，实现长距离的实时监听，这种技术被称为分布式光纤传感系统。

分布式光纤传感技术是一种特殊的光纤传感技术，它可以实现对整根光纤沿程的物理量信息的连续测量，而不是像传统的点式光纤传感器那样只能在离散的位置进行测量。分布式光纤传感技术根据不同的散射机制，可以分为拉曼散射型、布里渊散射型和瑞利散射型等。拉曼散射型主要用于温度测量，布里渊散射型主要用于应变和温度的双参数测量，瑞利散射型主要用于振动和声音的测量。光纤中的随机散射点可以被当作成千上万个传感器，在每个散射点的位置就会产生对应的背向散射信号，每个传感器都能感知周围的信号并且还原出来。基于背向瑞利散射光实现对外界振动进行解调的技术演化为分布式振动传感器或分布式声学传感器（图3–17）。

由于外界的振动/声波会导致光纤内粒子发生振动，影响背向散射光的强度和相位。通过收集背向散射光的强度信息进行解调，能够准确地定位外界振动/声波的位置并还原出声音信息。

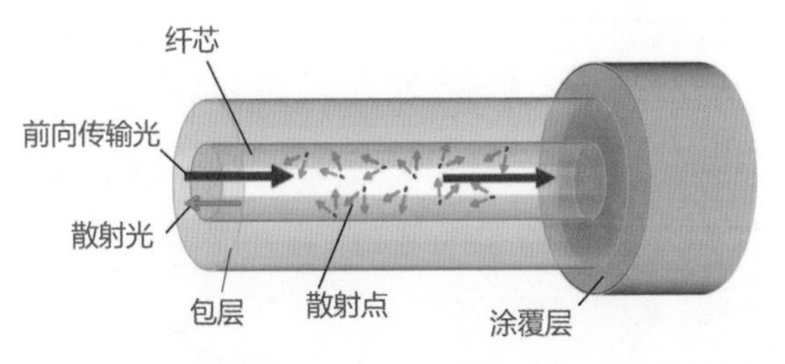

● 图3-17　背向瑞利散射光

| 光纤“监听”需要什么？

光纤传感器一般由两部分构成：光发射器和光接收器。光发射器不间断地发射脉冲光或改变脉冲光的宽度和频率，相当于不断扫描光纤的整体情况。光接收器一般是光电二极管或光电三极管，主要是将收集到的光信号转化成电信号输出并收集起来，通过计算机对收集到的电信号强度进行分析和计算，可以精准地定位外界声音发出的位置，还原声音的内容。借助这项技术，只需要在监听位置（长度可以达到上百千米）铺设光纤，无需其他电源设备，在接收端就能解调和恢复所有的声音信息，实现真正意义上的光纤“监听”。

| 光纤“监听”可以用在哪些领域？

在“数字化强国”的今天，作为智联网传感物理层，光纤监听技术已被广泛应用于周界安防、油井矿场和建筑结构监控等重要领域。铁路、机场、电网等关键基础设施，以及大型周界，时常面临入侵事件的威胁，这些事件不仅会造成设备破坏、财产损失，还可能影响社会秩序甚至危及国家安全。传统的周界安防/管道安全方案，是在需要监控处增加巡检人员，引入无人机监控等人防、物防的手段，但这些手段往往存在人员成本高、精度低、监控距离有限和易受环境影响等不足，导致严重的漏报、误报。分布式光纤传感技术在周界监控中有着独特的优势，它可以利用一根光纤作为整个区域的传感器，实现全程无盲区的监测，同时可以对入侵目标进行准确的定位和识别，并且不受天气和光线的影响，具有高可靠性和低维护成本的优势。

分布式光纤传感技术的提出，为长距离的周界安防提供了新的方案。有企业推出的周界安防解决方案，将分布式光纤技术与感知算法进行结合，排除了风雨、小动物等环境干扰，实现零漏报、抗干扰、持续进化。因此，利用基于光纤的分布式传感技术，可以实现对外界环境长距离的"监听"。

作者介绍

沈平

南方科技大学电子与电气工程系讲席教授，系科研副主任，广东省集成光电子智感重点实验室主任，IEEE会士，中国光学学会会士，国际光学工程学会（SPIE）会士，美国光学学会（OPTICA）会士，在特种光纤及传感技术、光纤激光器、硅光芯片、生物医学光子及临床转化研究与应用等领域发表学术论文近1 000篇，被引用次数近20 000次，h指数71。入选美国斯坦福大学发布的"全球前2%顶尖科学家"榜单，包括"终身科学影响力排行榜"。

刘奂奂

中国科学院深圳先进技术研究院副研究员，博士毕业于新加坡南洋理工大学。为IEEE资深会员，在光纤传感技术、光纤激光器、特种光纤设计及应用领域有多年研究经验，并取得了多项研究成果。发表SCI学术论文数70余篇，h指数18；获得中国授权发明专利18项，参与编写中/英文专著2部；2014年获得"国家优秀自费留学生奖学金"，2016年入选"上海市青年东方学者"，2020年入选"深圳市高层次人才"，2020年获上海市科技进步二等奖。

肖伊鸿

暨南大学光电信息科学与工程专业学士，南方科技大学电子与电气工程系硕士研究生在读。

什么是无创健康监测

○林苑菁　王宇祺

在生活中，人们会进行各种各样的体检，大家对血常规等检测应该不陌生，这种需要采血的检查被称为有创健康监测。相信熟悉漫威系列电影的小伙伴们都对钢铁侠那能随时随地感知人体各项指标的智能健康监测系统印象深刻，我们可以将其理解为无创健康监测（non-invasive health monitoring）的一种形式。随着科学技术的发展，科幻正在走入现实，无创健康监测技术正在成为电子行业发展的热点方向。

什么是无创健康监测？如何实现无创健康监测？相比于有创、微创健康监测，它又有哪些神奇与独特之处？它能给我们的生活带来什么变化？

首先，我们先来了解什么是无创健康监测。无创健康监测技术是指通过非侵入性的方法监测和记录人体生理参数，以便评估健康状态和疾病风险的技术。这些技术通常不需要穿刺皮肤或进行手术，而是通过使用传感器等技术来获取生理数据。无创健康监测技术可以帮助医生和患者更好地了解健康状况，及早发现疾病，制订更好的治疗计划。无创健康监测技术可以监测的生理数据包括但不限于心率、血压、血氧饱和度、体温、呼吸频率、睡眠质量、运动量、血糖水平等。该技术可以应用于许多不同的领域，如医疗保健和体育运动等。

同时，无创健康监测相对于有创健康监测和微创健康监测，可以减少不适和疼痛感，降低感染和并发症风险，可以连续、实时地跟踪健康状态的变化。以在现代医学中较为重要的血糖监测为例，传统的血糖监测需要使用血糖仪和针头，在指尖等部位刺破皮肤，提取一定量的血样进行测量（图3-18）。这种方法往往需要多次进行指尖采血，有一定伤口感染风险，可能导致伤口瘀青，且有疼痛感。穿戴传感技术的出现，就为血糖监测提供了更加方便、无创的解决方案。

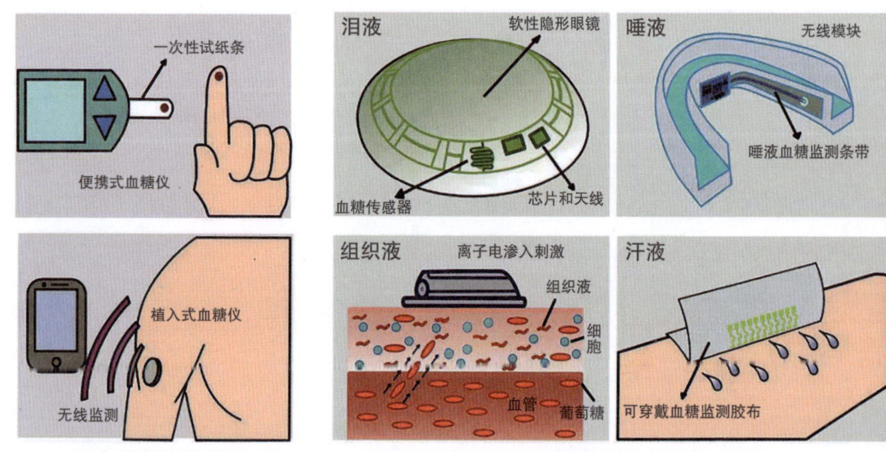

（a）有创血糖监测
（b）无创血糖监测

● 图3-18　有创血糖监测（指尖采血或者植入式仪器进行有创监测）与无创血糖监测（利用泪液、唾液、离子电渗透提取的组织液、皮肤上的汗液进行无创监测）

可穿戴健康监测器件可以将血糖传感器集成在隐形眼镜、牙套、织物等柔性基底上，通过分析泪液、唾液、微量组织液及皮肤上的汗液成分，实时监测血糖水平的变化。这种方法不仅方便，省去了复杂的检测操作，实现了实时血糖监测，还可以避免疼痛和感染等问题，特别适合儿童和老年人等不适合使用针头采血的人群（图3-19）。

可穿戴传感器（wearable sensors）已经成为无创健康监测技术的“主力军”，可以提高人体与外界环境交互的效率和安全性。那么它们如何实现无创健康监测呢？

传感器的基本原理是通过传感器将外界的物理信号（应变、压力、温度和湿度等）、化学信号（体液、乳酸、血糖等）、电生理信

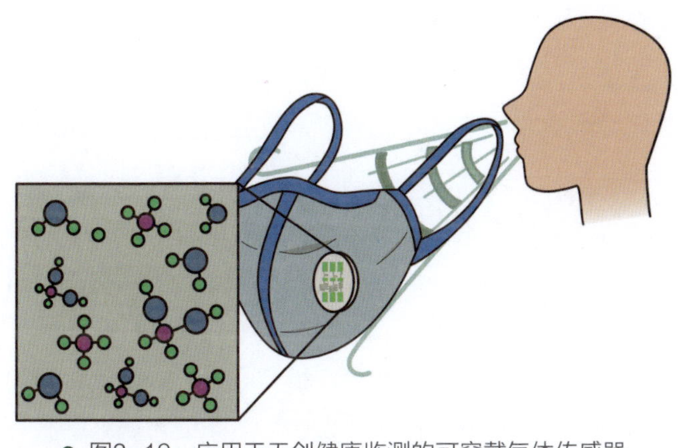

● 图3-19　应用于无创健康监测的可穿戴气体传感器

号（脑电、心电和肌电）等转化为电信号，然后经过信号处理器进行处理和分析，最终输出相应的反馈信号。通过对反馈信号的分析与转化，我们便可以实现对人体各项指标或环境刺激的实时监测。

最近，研究人员发现，在有活跃感染、既往感染史或有心力衰竭的患者中，汗液中的炎症生物标志物C反应蛋白（CRP）浓度升高与血清中的蛋白质水平密切相关。研究者通过离子电泳的方法提取汗液，设计了基于石墨烯的传感器阵列（抗CRP捕获抗体–金纳米颗粒功能电极），实现对汗液中炎症蛋白的实时敏感分析。这样的技术发展有助于长期慢性疾病的管理。

此外，人类呼出的气体中含有数千种不同的挥发性有机化合物（VOCs），这些化合物来自人体的代谢过程。通过这些微量挥发性有机化合物，我们可以检测出相关疾病。如糖尿病患者身体会产生过量的酮类（如丙酮），因为身体使用脂肪代替葡萄糖来产生能量，产生的酮类在呼吸过程中呼出。目前丙酮已被成功验证可以作为糖尿病（特别是1型）的生物标志物。又如，幽门螺杆菌感染者和肾脏异常患者的呼气中有氨气味，哮喘病患者呼气中的一氧化氮气体含量也明显高于正常人的水平，这些现象也有望用于特定疾病的预测。研究者通过设计一种α型氧化铁与二氧化锡的一维/二维复合结构纳米阵列，对亚ppm级（parts per million，百万分之一）浓度的丙酮气体进行检测，实现了通过呼吸分析检测糖尿病的无创健康监测（图3–19）。

在过去的十几年里，社会对预测性临床诊断和个性化医疗保健的需求不断增长，这也一直推动研究者开发各种高性能传感器（如可穿戴手环和纺织品），实现各类无创健康监测，以应对即时测量和分析的挑战。在可预见的未来里，中国人口结构老龄化情况不容乐观，居家养老、智能健康监测也将成为新的时代热点。无创健康监测作为一门划时代的医疗技术，已经成为国内外学术研究机构、前沿科技公司的关注点，针对人体多种物理信号（包括心率、体温、行为）智能监测的可穿戴设备已在日常生活中得到推广，相信无创健康监测技术的发展将令我们的生活更加健康美好。

作者介绍

林苑菁

南方科技大学深港微电子学院助理教授，博士生导师。2014年取得南开大学电子科学与技术学士学位，2018年获得香港科技大学电子与计算机工程系博士学位。2019年起在加州大学伯克利分校电气工程和计算机科学系从事博士后研究。2020年入职南方科技大学深港微电子学院。研究领域集中于利用纳米材料及新型制备技术实现柔性传感器、能源存储器件及可穿戴智能集成系统等。

王宇祺

南方科技大学深港微电子学院2021级本科生。目前的研究方向集中在基于新型复合生物材料的智能传感系统。

为什么人体可以为智能服装提供能源

○白紫千　王晓东　胡虹蕊

自供电技术也被称为能量采集技术，即能够通过自然环境获取能量，而不是依赖电池或其他电源设备供电。智能服装是指能够实现对人体信息及其周围环境进行感知、响应和反馈的纺织品。所以自供电智能服装就是指能够将自然能量转化为电力，同时又能感知人体及其周围环境信息的纺织品。

随着物联网时代的到来，小型化、便携化、低功耗的可穿戴传感器飞速发展，尤其是直接接触皮肤的传感器，是用于个性化医疗、信息和通信的关键元素。但是，以发电厂为基础的传统集中式、固定式、有序式能源供应模式与这些小型化的可穿戴传感器不相适应，严重阻碍了可穿戴传感器的应用。

可穿戴技术最成熟的产品类型就是服装，所以将服装与自供电技术相结合，为物联网时代的分布式可穿戴传感器提供可持续、环保、普适和可穿戴的能源是一个可行的研究方向。人体的生物力学运动、体温、体液和周围环境中的阳光都是可再生能源。根据报道，人体余热的功率收集可达4.8 W，人体生物力学运动的功率收集更是可达67 W。此外，人体体液中的能量潜力更惊人，功率收集可达100 W。

周围环境也充满了可再生能源，如太阳辐射。现代可穿戴传感器的能量需求完全可以由与人体有关的能量来满足，所以，自供电智能服装是解决可穿戴传感器能源问题的潜在方案。

近年来，人们研究了匹配智能服装的各种各样的工作机制和结构，用来收集人体和周围环境中蕴含的能量，其中包括摩擦纳米发电机（triboelectric nanogenerators，TENGs）、压电纳米发电机（piezoelectric nanogenerators，PENGs）、热电发电机（thermoelectric generators，TEGs）、生物燃料电池（biofuel cells，BFCs）、太阳能电池（solar cells，SCs）等。然而，基于这些机制的自供电智能服装毕竟是一个新兴的方向，人体及周围环境能量的转化效率、智能服装的制作方法以及与这些机制的结合都面临着严峻的挑战。

下面，介绍几种类型自供电智能服装的原理和实例：

| 基于TENGs的自供电智能服装

原理：具有不同电子亲和力的两种不同材料之间的物理接触，可以在接触表面产生相反的静电荷。两个带电表面之间产生电位差，从而产生电压和极化感应电流。它可以将环境机械运动转化为电能，既可以作为可持续能源，也可以作为自供电的有源传感器。

实例：《自然-通讯》期刊曾报道了由加利福尼亚大学圣迭戈分校研究的多模块生物能源微电网系统（图3-20），其中结合了基于汗液的BFCs，收集生化和生物力学能量的TEGs和收集两项模块能量的

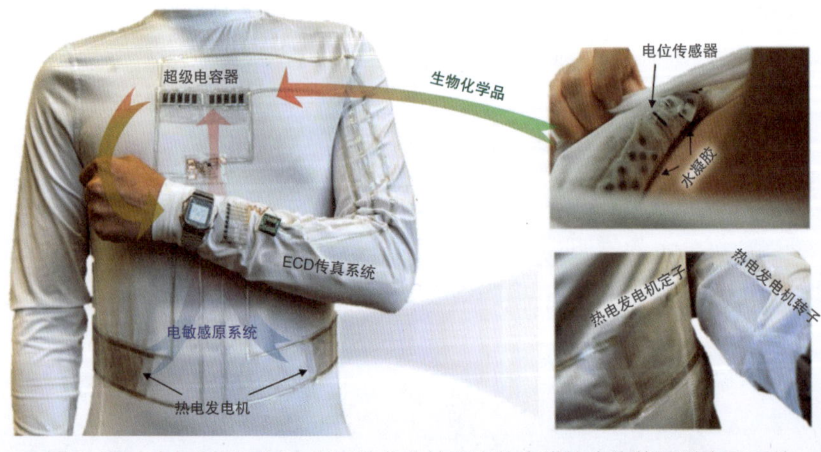

● 图3-20　由加利福尼亚大学圣迭戈分校研究的多模块生物能源微电网系统

超级电容器。值得注意的是，系统中的TEGs在手臂和躯干上设有运动动力装置，可以从走路或跑步中收集能量。一旦运动开始，可穿戴微电网就能迅速通电。该电子纺织系统能有效地为液晶显示器或汗液传感器显示系统供电[26]。

| 基于PENGs的自供电智能服装

原理：为了获取生物机械能，压电效应是另一种可行的工作机制，可以与纺织品集成在一起，用于人体发电。在特定类型的材料中，内部正负电荷中心会因施加的机械应力而移动，从而产生内部电场，在此过程中，机械运动转化为电能。

实例：查尔姆斯理工大学团队使用织布机技术，成功制造了采用熔融纺丝法生产的压电微纤维纱线纺织带，该纤维在经纱方向上由β相聚偏氟乙烯（polyvinylidene fluoride，PVDF）包围的导电芯组成。压电微纤维的芯鞘结构使得电子纺织品的结构独特，让内部电极与外部电极（由在纬线方向上集成的导电纱组成）完全隔离，防止在潮湿条件下短路。因此，与其他能量收集纺织品相比，该纺织带不仅能在与水接触时继续发挥作用，而且性能更优异。团队将该纺织带集成到一个笔记本电脑包的肩带中，可以在快走的过程中连续产生4 μW的电力。这种有前景的性能，加上可扩展材料和成熟的工业制造方法，为开发由压电纺织品驱动的可穿戴传感器增加了可能性[27]。

| 基于TEGs的自供电智能服装

原理：当TEGs附着在人体皮肤上时，在空间温度梯度的诱导下，热电材料中的载流子从热侧（皮肤）扩散到冷侧（环境），从而产生电能。

实例：东华大学纺织学院将传统纺织和热电技术有效结合制备出了一种热电织物（图3-21）。团队设计了利用浸渍涂覆法制备的分段式碳纳米管热电纱线，并将其织造成在极端低温下或大量形变后还能稳定使用的智能针织品。利用人体和环境间的温差为可穿戴电子设备提供可持续的动力，充分展现了采用该技术为医疗保健和环境监测电子设备直接进行连续供电的应用前景。[28]

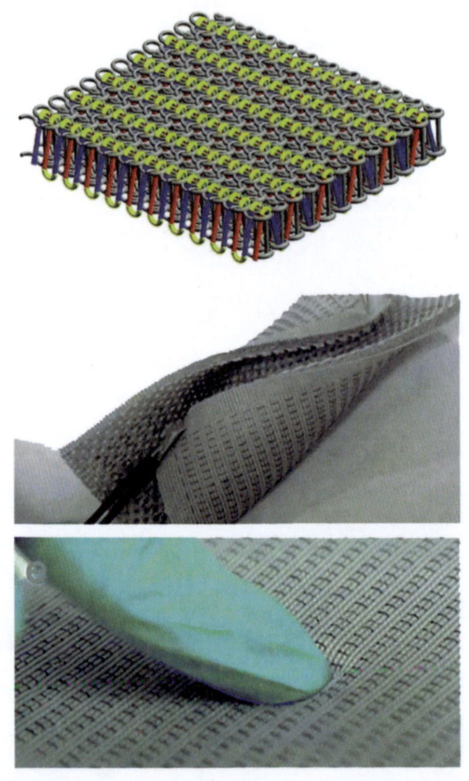

● 图3-21　东华大学纺织学院制备的热电织物

｜基于BFCs的自供电智能服装

原理：生物化学能是一种可再生、环保的身体能量源，它以体液的形式呈现，包括汗液、泪液、血液和唾液。身体上的生化能量储存在生物燃料中，如葡萄糖、乳酸盐和果糖，对一个健康的成年人来说，这些生物燃料的功率收集可达100W。这些丰富的生物燃料可以在BFCs中使用生物催化剂氧化发电。

实例：同济大学的胡习儿和袁硕发明设计了一种自驱动型蓝藻细菌发电服装（图3-22）。该自驱动绿色生物电池从人体汗液中提取能量，利用蓝藻产生电力，为可穿戴设备和物联网电子设备供电，有助于摆脱频繁充电等限制，并且该BFCs运作过程中能产氧减碳，可促进可持续发展[29]。

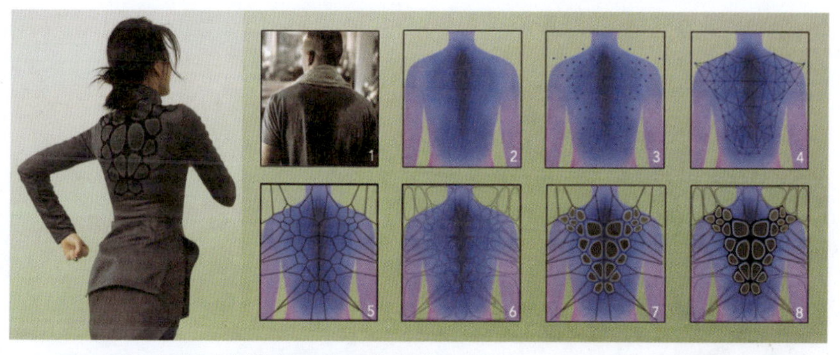

● 图3-22　同济大学的胡习儿和袁硕发明设计的自驱动型蓝藻细菌发电服装

丨基于SCs的自供电智能服装

原理：大量可用的太阳辐射是人体周围的另一种清洁可再生能源。当阳光照射到SCs上时，被吸收的光子激发并分离有源层中的电子和空穴，从而产生光电流，这就是所谓的光伏效应。

实例：芬兰阿尔托大学的设计和研究团队织造了一款太阳能自供电夹克（图3-23）。

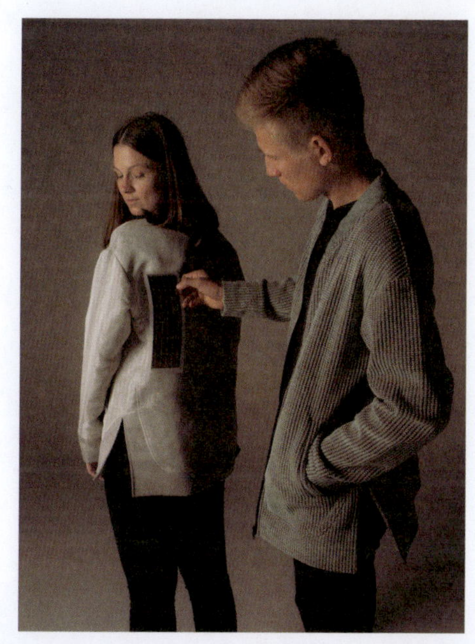

● 图3-23　芬兰阿尔托大学织造的太阳能自供电夹克

该团队将SCs通过纺织的方式隐藏在纺织品下，在不破坏服装外观的情况下优化了织物，以便有足够的光线透过衣服表面为可穿戴设备供电。这项创新可应用于防护服、工作服或运动服，解决可穿戴设备充电或更换电池的困扰。[30]

作者介绍

白紫千

南方科技大学系统设计与智能制造学院副研究员，博士生导师，人机交互设计实验室主任，深圳市海外高层次人才，上海市浦江人才。从事包括智能可穿戴系统、新型纺织纤维传感器、人机交互与设计、人因工程学、人类行为感知等在内的交叉学科的研究。

王晓东

南方科技大学系统设计与智能制造学院博士研究生，导师为白紫千。硕士毕业于深圳大学材料学院材料科学与工程专业。主要研究方向涉及可穿戴织物传感器、柔性电子器件和自供能传感器等。

胡虹慈

南方科技大学系统设计和智能制造学院及香港理工大学时装与纺织学院联合培养博士研究生，导师为白紫千。硕士毕业于美国帕森斯设计学院。主要研究方向包括3D针织、柔性传感器、动作捕捉服装等。

生物与科技篇

Biology and Technology

04

RNA为什么能成为下一代医药技术

○郭亦岳　吴姝　黄林峰

RNA（ribonucleicacid）是一种功能性的生物大分子，在细胞内承担着众多关键的职责，参与错综复杂的生命过程。RNA是由许多个核糖核苷酸聚合而成的长链状分子。单个的核糖核苷酸由磷酸、核糖和碱基构成，碱基主要包含腺嘌呤（A）、鸟嘌呤（G）、胞嘧啶（C）、尿嘧啶（U）四种。RNA与构成基因组的脱氧核糖核酸（DNA）完美配合以控制基因表达，此外，许多RNA病毒（如新型冠状病毒）的遗传物质都是RNA。RNA的分子结构、合成调控及其多功能性是探索细胞分子机制的重要研究方向，近年来RNA药物也成为生物医药的热门研发方向。让我们走近RNA，探索揭秘其能够成为下一代医药的奥秘。

RNA的重要生物功能

谈到RNA，就绕不开生命的重要定律——中心法则（图4–1），该定律由诺贝尔生理或医学奖获得者弗朗西斯·克里克（Francis Crick）于1957年提出[31]。中心法则描述生物系统内遗传信息流动和执行的基本概念，揭示了遗传信息在DNA和RNA核酸分子之间的转移以及核酸分子对蛋白质形成的指导作用，总结了细胞解读和执行遗传指令的核心机制。DNA复制是基因传递的基本步骤，为细胞生物的后代提供了遗传物质。转录是以DNA所包含的遗传信息片段为模版合成信使RNA（mRNA）的过程。翻译是mRNA与核糖体结合，基因信息被转化成特定的氨基酸序列从而形成蛋白质的过程，而蛋白质是细胞的主要分子机器和功能元件。RNA家族成员如微小RNA（microRNA）、小干扰RNA（siRNA）和长非编码RNA（lncRNA）也可以对mRNA起到调控的作用。通过中心法则，我们可以发现RNA在遗传信息的流动中起着重要的中介和调节作用，它协助生物体实现其复杂的功能。

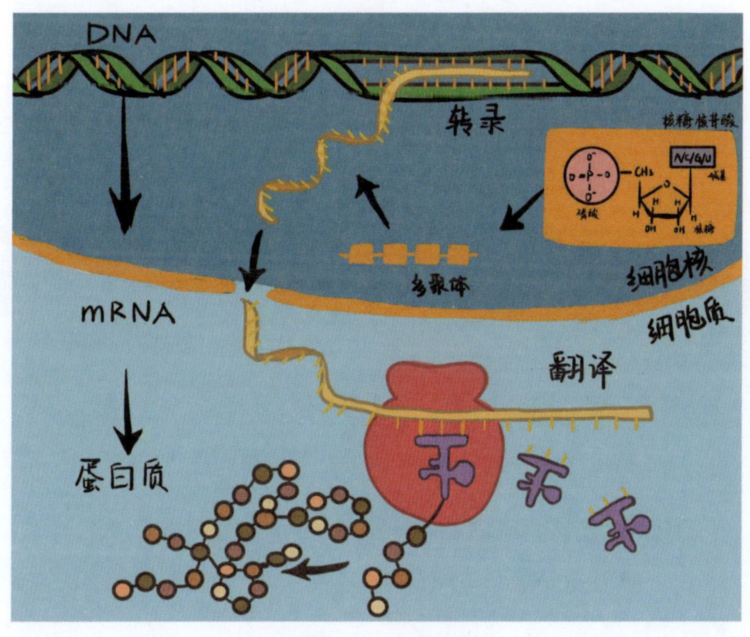

● 图4-1　中心法则

| RNA医药的难点

RNA在生命体中扮演着至关重要的角色，其在细胞内强大和多样的功能使其非常适合成为针对特定基因的精准药物。RNA药物既可以用于补充所缺乏的必要基因，也可以用于调节基因表达，如抑制致病基因。但是RNA的特殊性质使其尚未在医药中广泛应用（图4-2）：首先是RNA的化学性质较不稳定，容易被体内的RNA酶降解；其次是RNA药物需要在细胞内才能发挥作用，而RNA由于分子过大通常不能穿过细胞膜的壁垒，需要外部递送系统的辅助。此外，RNA药物也可能引发一些不良的副作用。实现RNA药物在体内的高效性和特异性是最重要的目标，同时RNA药物的经济和规模化生产也是长期以来面临的巨大挑战。

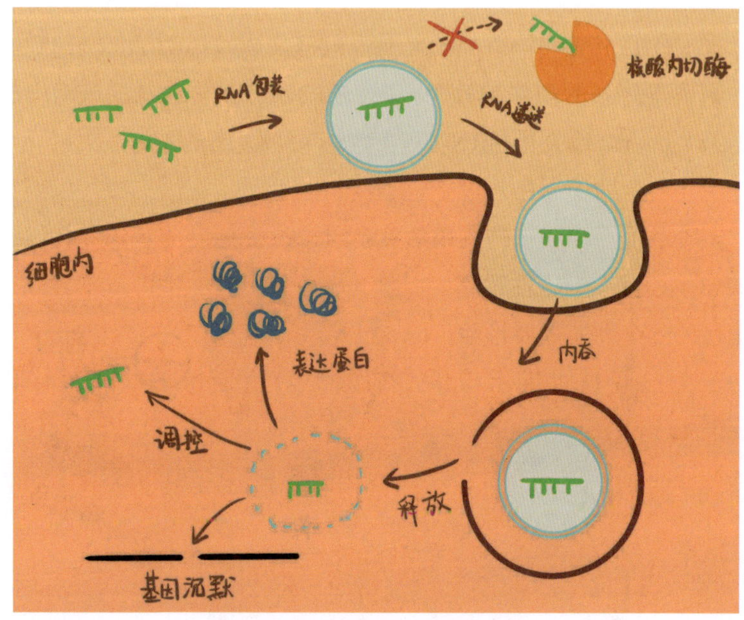

● 图4-2 RNA药物的递送路径

| RNA医药技术革命

随着生命科学研究的不断发展，越来越多的技术难题被逐个攻破，RNA药物的发展也在近期迎来了新的高潮[32]。RNA药物的高效体内递送系统取得了关键性突破。由油脂分子组成的纳米颗粒，即脂质体纳米颗粒（lipid nanoparticles）和特异的化学分子偶联的递送技术已被应用于将RNA递送至目标器官和细胞中。一些非天然的化学修饰可以增强RNA分子的稳定性，并提高RNA药物的特异性，降低免疫反应等副作用。RNA序列的科学设计也可以提高RNA药物对基因的作用效率和精准性。自此，RNA药物走上历史舞台。

2019年末开始的新冠疫情给RNA医药的发展带来了历史性的机遇。mRNA疫苗因为疫情的紧迫性被加速审批并广泛应用，从而为世人所熟知[33]。mRNA疫苗包含人工合成的具有天然mRNA结构的病毒蛋白序列，由脂质体纳米颗粒递送到人体细胞中直接表达病毒蛋白，病毒蛋白作为抗原刺激人体产生抗病毒的免疫细胞和特异性抗体。这些免疫“记忆”会在未来接触新冠病毒时发挥保护作用。

2020年12月，美国食品药品监督管理局（FDA）基于临床试验中对新冠病毒感染的高保护效力，对BioNTech和辉瑞研发的BNT162b2疫苗及Moderna研发的mRNA-1273疫苗进行了紧急使用授权。至今mRNA疫苗全球使用已超过十亿剂次，并创造了超千亿美元的经济价值。mRNA疫苗相较于传统灭活疫苗可以激发更多的抗体并且设计速度快、生产过程安全性很高，但是其副作用较大、生产成本较高、长期使用的安全性还需要检验。mRNA技术还有极大的发展空间。

目前已经被批准上市的小核酸类药物还包括反义寡核苷酸（antisense oligonucleotide，ASO）、小干扰RNA（siRNA）和核酸适配体（aptamer）。它们有着各自不同的作用机制（图4-3）。

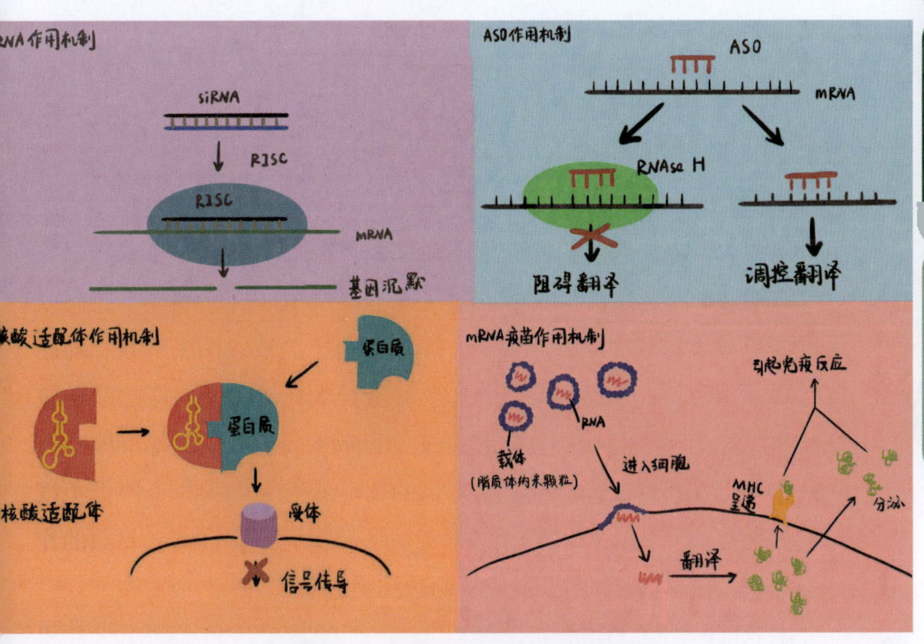

● 图4-3 多种RNA药物的作用机制

注：MHC—主要组织相容性复合体。

ASO是指与靶基因mRNA互补的一段单链的RNA或者DNA，通常由十几到几十个碱基组成，一般通过化学合成的方式生产。ASO主要通过RNaseH（核糖核酸酶H）来降解mRNA，从而减少靶基因蛋白质的产生。早在1998年，由Ionis和Novartis合作研发的抗巨细胞病毒（cytomegalovirus，CMV）药物福米韦生（Fomivirsen）作为第一款ASO药物获美国FDA批准上市，其通过与特定mRNA（IE2）结合抑制CMV部分蛋白表达来达到治疗效果。另一款著名的ASO药物诺西纳生钠（Spinraza）可以促进产生更多正确的运动神经元存活蛋白（SMN），是治疗罕见遗传病脊髓性肌萎缩症（SMA）的特效药，也在2021年成为第一款进入中国医保目录的核酸类药物[34]。

siRNA药物是一种21～23个碱基长的双链RNA，它通过与特定的蛋白质结合形成siRNA诱导干扰复合体（RISC），RISC再与靶基因的mRNA特异性地结合并导致mRNA降解，最终使靶基因沉默。这个机制被称为RNAi（RNA interference），安德鲁·法尔（Andrew Fire）和克雷格·梅洛（Craig Mello）两位科学家因这一研究于2006年获得了诺贝尔奖。帕蒂西兰（Patisiran）是第一款获得批准的siRNA药物，用于治疗成人遗传性转甲状腺素蛋白淀粉样变性（hereditary transthyretin-mediated amyloidosis，hATTR），通过降解有遗传突变的TTR基因的mRNA，从而防止病变蛋白的积累。自2018年起，已有多款siRNA药物被应用于遗传疾病的治疗。

核酸适配体药物是一种折叠成特殊三维结构的短单链寡核苷酸，通过大型寡核苷酸文库筛选得到，因其高选择性和特异性，可结合特定的目标蛋白质。哌加他尼（Pegaptanib）是由Valeant开发的用于治疗湿性年龄相关性黄斑变性（wet age-related macular degeneration，wAMD）的第一款aptamer药物，于2004年获美国FDA批准，它通过空间结构与血管内皮生长因子（vascular endothelial growth factor，VEGF）特异结合抑制血管生成从而达到治疗效果。

| RNA精准医药展望

RNA药物已在近十年里取得了多个重大的突破，成为精准生物医药研发的热点，并创造了极大的产业价值。RNA药物可以针对基因的序列快速设计，具有特异性强、研发周期短、适用疾病广等诸多优势。特别是针对尚无药物治疗的诸多遗传疾病、恶性肿瘤和重大传染病等，RNA药物提供了新的治疗可能性，展现了独特的优势，为处于绝境中的病人带来了希望。虽然RNA技术仍存在诸多瓶颈和难点，但学术界和产业界都在全面布局和积极推进。通过深入了解RNA分子的生物功能，我们能够清晰地看到其未来发展的巨大潜力。

我们有理由相信，RNA会成为下一代主流的医药技术！

作者介绍

郭亦岳

昆山杜克大学2024届分子生物专业本科生，目前在黄林峰教授的指导下研究siRNA在癌症治疗中的应用。

吴姝

昆山杜克大学2025届分子生物专业本科生，目前在黄林峰教授的指导下研究RNA药物在细胞内的递送过程。

黄林峰

本科毕业于中国农业大学生物学院，于英国约翰英纳斯研究中心获博士学位，师从英国著名遗传学家David Baulcombe爵士，2009—2014年在美国哈佛医学院从事博士后研究，2014—2019年任香港城市大学生物医学系助理教授、副教授，现为昆山杜克大学生物学副教授，全球健康研究中心研究员，昆山双创领军人才，香港科学园的初创企业香港小默生物科技有限公司创办人。主要的研究方向为RNA生物技术和RNA精准医药。

新型冠状病毒是如何欺骗并利用细胞完成自我复制的

○赵燕

从2019年底到现在，新型冠状病毒（COVID-19）席卷全球，给我们的生活和工作带来了翻天覆地的变化，而这一切都是由一种小小的病原体——新型冠状病毒（SARS-CoV-2，简称新冠病毒）引起的。

早在疫情初期，我国的科学家就从病人体内分离到了新冠病毒（图4-4）。我们之所以称之为冠状病毒，正是因为病毒表面有很多像花冠一样的凸起，而这种花冠结构是病毒打开细胞大门的关键。冠

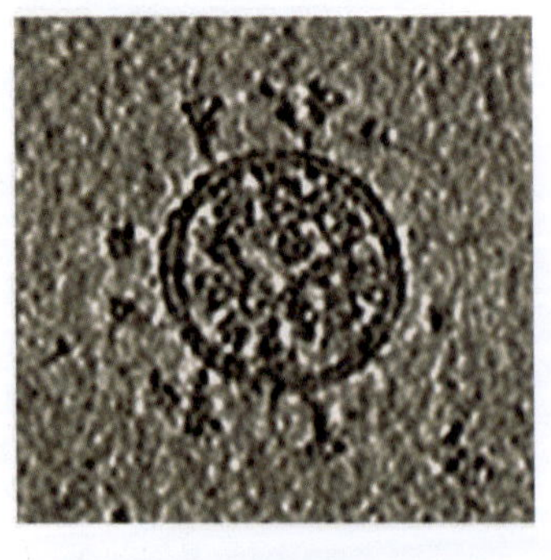

（a）显微镜照片

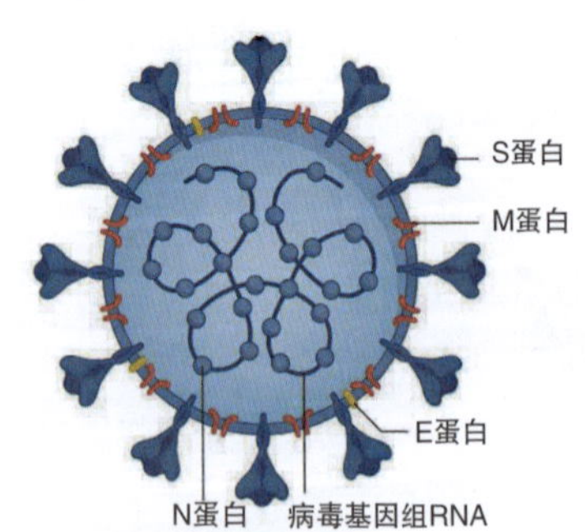

（b）模式图

图4-4　新冠病毒的电子显微镜照片[35]及模式图[36]

状病毒的直径不到0.1 μm，如果把细胞看作一个房间，那么冠状病毒只有一个棒球大小。严格来讲，冠状病毒并不算生物，它由膜包裹的基因组RNA和四种蛋白质组成[35]，这种简单的结构决定了病毒并不能自我复制，其生存和繁衍都离不开宿主细胞，这就是为什么新冠病毒离开人体往往活不过24 h。我们的细胞是一座严密而坚固的堡垒，新冠病毒到底是如何进入细胞、大量复制，再顺利离开细胞的呢?

①隐瞒身份，完美入侵。有了细胞质膜（plasma membrane）的保护，细胞外的物质不能随随便便进入细胞，细胞需要的物质必须与细胞膜上的受体（receptor）蛋白完全契合才能被识别并内吞（endocytosis）以进入细胞，这个过程就像用钥匙开门一样。组成冠状病毒“花冠”的S蛋白（spike protein），就是打开细胞膜表面受体血管紧张素酶Ⅱ（ACE2）的钥匙。S蛋白与ACE2结合，病毒基因组就乘着“特洛伊木马”被“请”进了细胞[36]。

②反客为主，垄断资源。进入细胞后，病毒露出了真面目，释放出自己的基因组RNA，开始利用细胞里的核糖体（ribosome）（图4-5）制造自己的蛋白。我们人类蛋白有2万多种，而病毒蛋白只有20多种，这些病毒蛋白经过乔装打扮，欺骗我们的蛋白和细胞器为其工作。为了更好地让细胞为病毒所用，病毒想出了各种策略，如病毒的非结构蛋白1（NSP1）会占领核糖体的入口，把宿主细胞的mRNA阻拦在外。而病毒的RNA上有一段特殊的结构，就像入场券一样，NSP1蛋白看到就会放行[37]。这样宿主蛋白就不能正常翻译合成，我们的核糖体都专职为病毒服务。

③就地取材，大量复制。我们的细胞存在多种免疫机制，可以识别并清除外来物质，病毒的RNA就是触发免疫反应的信号。为了防止出现这种情况，病毒就必须把复制RNA的工作转入“地下”。我们的细胞里有大量磷脂构成的膜结构，把细胞内部分割成一个个封闭的小空间，即细胞器，这样细胞器可以互不干扰地完成各自的工作。内质网（endoplasmic reticulum）是细胞里最大的细胞器，也是蛋白质和脂类合成的主要场所，聪明的病毒蛋白利用内质网盖起了病毒工厂，也

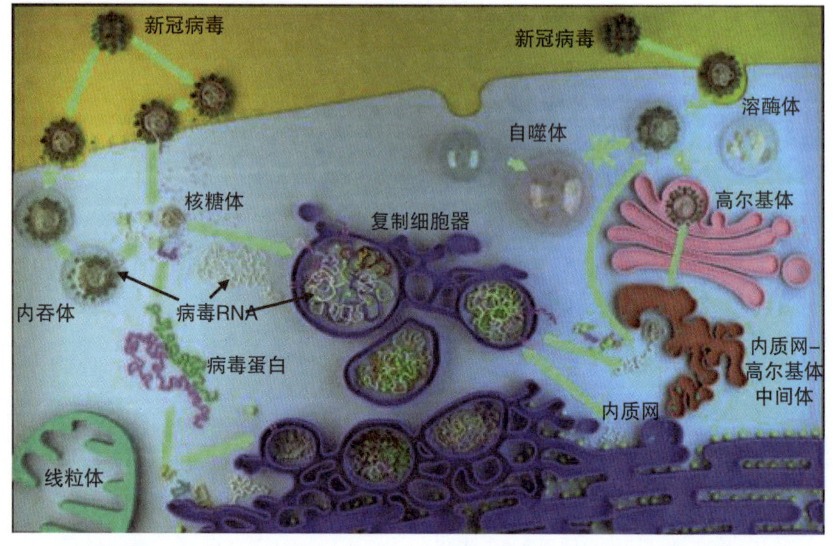

● 图4-5　新冠病毒进入细胞、完成病毒复制/装配及释放的过程

叫复制细胞器[38]。内质网先被病毒蛋白压扁，然后压扁的内质网将两层膜弯曲，像吹肥皂泡一样形成一个封闭的小房间，病毒就在里面安全地完成病毒RNA的复制和储存，保护这些RNA不被细胞的免疫分子发现。

④顺风快车，成功潜逃。细胞内存在一套分泌系统（secretion system），把合成好的蛋白质运输到细胞外。这套体系的运作方式和我们的快递系统非常相似，内质网合成的蛋白质首先被打包进入囊泡，然后运输到中转站高尔基体（Golgi apparatus）进行加工和分选，最后再次打包通过囊泡运输到细胞膜，通过膜融合把囊泡内物质释放到细胞外。病毒通过前两步生产出的大量蛋白和RNA，会在我们的内质网-高尔基体中间体（ERGIC）中包装成病毒颗粒，然后经过一条非经典的溶酶体介导的分泌途径被释放到细胞外[39]。

病毒正是采用上述鸠占鹊巢的方法（图4-5），将我们细胞里的各种蛋白和细胞器为己所用，最终完成了病毒的繁殖。一个细胞被病毒感染后，将在12 h内释放几千个新病毒，这些病毒继续感染周边正常细胞开启新一轮的复制周期。病毒的快速扩增，不断对呼吸道甚至肺上皮细胞造成损伤并引发强烈的免疫反应，最终导致感冒、肺炎甚至死亡。

疫情虽然结束，但是在可预期的未来，病毒对人类的威胁持续存在。理解病毒入侵细胞的过程，才能帮助我们开发出更高效的预防和治疗方法。但是其中还有很多未知之谜，如进入细胞的病毒是如何破坏内吞体膜释放病毒RNA的？病毒蛋白是如何重塑内质网的？病毒蛋白和RNA是如何组装的？病毒是如何逃逸细胞自噬（autophagy）清除的？这些问题都等待我们继续深入研究。

作者介绍

赵燕

南方科技大学生命科学学院神经生物学系副教授。获北京大学医学部博士学位。获国家优秀青年基金，国家自然科学二等奖（第二完成人）。主要研究细胞自噬的分子机制和在神经细胞稳态维持中的功能，以及冠状病毒感染中复制细胞器的形成机理等，已于*Molecular Cell*，*Current Biology*，*JCB*等高水平期刊发表文章十余篇。

质谱仪是如何称量生物大分子的

○桑田　王鹏程

生物大分子，如蛋白质、核酸、脂类和多糖等，是构成地球上生命体的重要组成部分。为了深入了解它们的结构、功能和相互作用，科学家们需要准确且高效地对这些大分子进行称量、鉴定和分析。那么，对于这些通常只有数百到数万道尔顿（计量单位，碳原子的1/12，约1.661×10^{-24} g）的分子，又该如何对其进行称重呢？今天，我们将带你进入一个神奇的领域——质谱技术。

质谱仪就像是一杆“秤”，能够准确地“称”出蛋白质碎裂离子的质量和电荷，为科学家提供了一扇窥探微观世界的窗户。

早在1898年，德国物理学家威廉·维恩（Wilhelm Wien）发现带电微粒在磁场中运动会产生偏转，也就是物理学中经典的电磁偏转现象；随后，英国物理学家约瑟夫·约翰·汤姆逊（Joseph John Thomson）进一步研究发现：带电粒子在电磁场中的偏转量与其质量（m）与带电量（z）的比值，即质荷比（m/z）有关，他于1906年获得诺贝尔物理学奖。之后，弗朗西斯·阿斯顿（Francis William Aston）根据这一现象，设计发明了第一台质谱仪，并因此获得了1922年的诺贝尔化学奖。质谱技术的发展，不仅是物理学的进步，更对化学及生命科学领域产生了巨大的推动作用，在100多年的质谱技术发展历史中，已有多位科学家因其在该领域的突出贡献而获得了诺贝尔物理学奖或化学奖。

在探索质谱技术之前，我们首先需要了解什么是质谱仪。

质谱仪一般由样品导入系统、离子源、质量分析器、检测器、计算机数据处理系统等部分组成。那么质谱仪是如何实现对离子称重呢？在质谱仪中，样品首先被离子源转化为气态或离子态。然后，质量分析器通过检测离子在电场和磁场中的飞行速度、偏转角度和距离等，对离子质量和电荷进行分类和识别（图4-6）。带电粒子在经过不同程度的偏转后抵达检测器，形成的图谱就是每个粒子的“身份证”。最终通过计算机的运算处理，这些图谱便会转化为有关样品中化合物的信息（图4-7）。与传统意义上的秤或天平相比，质谱仪这把特殊的“秤”具有更加丰富的功能，“称量”的不仅是离子的质量，也可以测定相对丰度，还可以对（母）离子进行碎裂，通过识别碎片（子离子）的电荷和质量，对（母）离子的分子结构和化学特征进行进一步的分析。

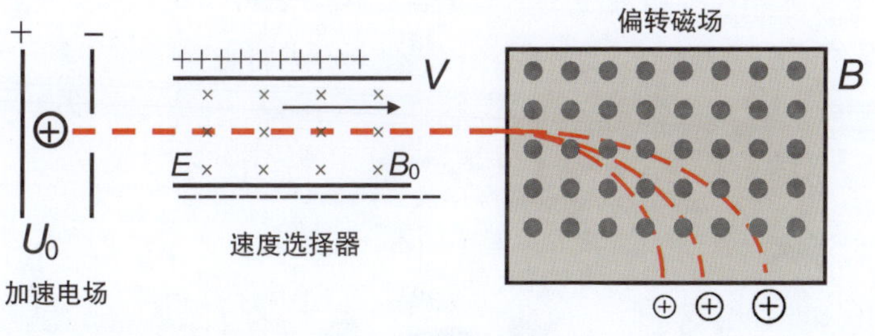

● 图4-6　带电粒子在磁场中的运动（B为磁场强度，V为粒子进入磁场速度，U_0为电场强度）

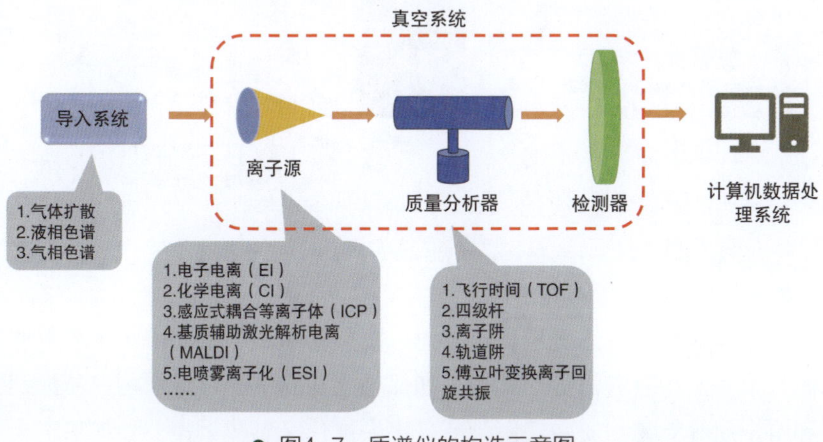

● 图4-7　质谱仪的构造示意图

质谱技术在许多科学领域中都有广泛的应用。在医学研究中，质谱技术可以用来鉴定蛋白质、代谢产物和药物在生物体中的存在及相对丰度，从而帮助科学家了解生物体的功能和疾病机制。在生命科学领域，质谱技术的应用最为广泛，除了分析样品中复杂的蛋白组成和修饰、代谢物组成外，质谱技术还能帮助科学家在空间上将化学信息与分子分布相结合，实现样品中分子的定量和定位分析。随着质谱分辨率和检测精度的进一步提高，单细胞的质谱检测也成为可能，运用质谱技术的单细胞蛋白组学技术为我们展示一个或者一类细胞内的蛋白组成信息。质谱技术在生命科学领域的应用不仅帮助科学家们理解生物体的复杂性，还促进了疾病诊断、药物研发和个体化医疗的发展，为生命科学领域的发展做出了重要贡献（图4-8）。同时，质谱技术在能源和环境研究中也起着关键作用，它可以用于研究和监测空气和水中的污染物，以及燃料和材料的性质和组成等。

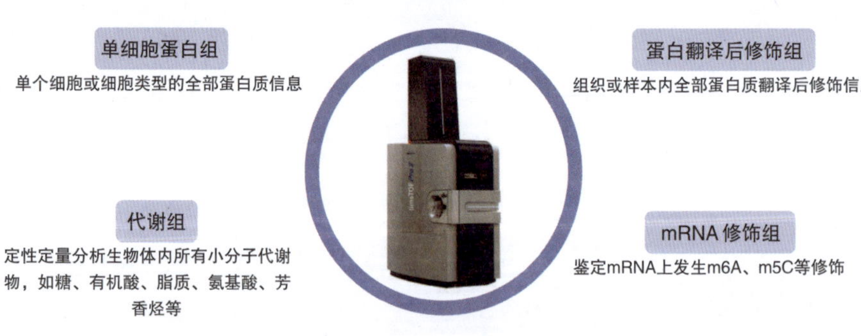
全蛋白组
组织或样本内全部蛋白信息
单细胞蛋白组
单个细胞或细胞类型的全部蛋白质信息
蛋白翻译后修饰组
组织或样本内全部蛋白质翻译后修饰信息
代谢组
定性定量分析生物体内所有小分子代谢物，如糖、有机酸、脂质、氨基酸、芳香烃等
mRNA修饰组
鉴定mRNA上发生m6A、m5C等修饰
质谱成像

● 图4-8 质谱依赖的蛋白组学在生命科学研究中的主要应用

虽然大家平时接触质谱技术的机会不是很多，但质谱技术对我们的日常生活却有着深远的影响。如何检测食品中的残留农药、添加剂和重金属等有害物质，法医判断受害人被什么毒药杀害，如何确定大

气污染物PM2.5是否超标，如何做肿瘤筛查、新生儿疾病筛查，这些都离不开质谱技术。

20世纪初，化妆品行业迎来发展高峰。我们知道，化学合成成分被广泛应用于化妆品制造中，为化妆品的研发提供了更多可能。但同时，大量假冒伪劣产品以及含有有毒物质的化妆品也流入市场中，使得消费者防不胜防。苯酚和氢醌是两种常见的化合物，均有毒性，作为消毒防腐剂用于治疗皮肤癣及湿疹等，但苯酚、氢醌均含有腐蚀性，长期使用对消费者的健康危害极大，因此在我国化妆品卫生规范中被列为禁用物质。然而，由于其具有一定的美白效果，常被违规添加到美白祛斑类的化妆品中，那么市场监管和消费者们如何判定化妆品真实成分是否符合标准和是否安全呢？这就需要质谱技术来进行精确检测了。

通过质谱分析，可以确定化妆品中的各种成分，包括活性成分、防腐剂、香料、色素等，识别产品成分的真实性，保障消费者权益；同时，可以识别和定量化妆品中的有害物质，如重金属（铅、汞等）、致癌物质（苯并芘等）、荧光增白剂等，这种分析对于确保化妆品符合相关法规和标准至关重要，有助于保护消费者免受有害物质的危害。总的来说，质谱技术就是我们对化妆品打假的一个重要工具，哪怕是再微量的有害物质，在质谱技术的检测下也无处遁形。

除了化妆品，食品安全也离不开质谱技术的支撑。2023年，日本将未经过处理的放射性废水从福岛核电站排放到太平洋，这一行动引起了广泛关注和争议。单独从食品安全上来说，大量放射性废水排放极有可能对渔业和海产品产生影响，因此未来对从日本和其他国际市场进口的海产品质量和食品安全性进行严格审查显得尤为重要。海产品等放射性超标的检测方法主要涉及放射性同位素的测量和分析，目前国内有多种方法对进口产品进行放射性检测。其中，质谱分析法就是一种重要的检测手段。它可以用于准确测量放射性同位素的质量和相对丰度，包括低放射性同位素（如铯和锶）的测量。质谱技术的高灵敏度和准确性使其成为放射性检测的重要工具，可用于确定放射性同位素的存在并测量其浓度，以确保产品符合国家和国际的放射性限量标准。

如今，质谱技术在食品安全、药物分析、肿瘤筛查、环境监测、法医检测、天文地理、考古等领域都开始崭露头角，以其高准确性和高分辨率，成为科学家们解开生命谜题的利刃，为人类的生活和科学进步做出了巨大贡献。随着技术壁垒的打破及检测方法的改进，质谱技术的应用范围将进一步扩大，为我们探索自然奥秘提供更多帮助。

作者介绍

桑田

南方科技大学前沿生物技术研究院博士后，导师为王鹏程教授。博士毕业于中国科学院分子植物科学卓越创新中心。主要研究方向为植物蛋白质组和类泛素化、磷酸化蛋白修饰组学研究等。

王鹏程

南方科技大学前沿生物技术研究院教授，博士生导师。河南大学博士，普渡大学博士后。2017年起在中国科学院分子植物科学卓越创新中心/上海植物逆境生物学研究中心担任研究员，2023年加入南方科技大学。带领团队建立系统的植物蛋白组学研究技术，发现并系统解析了参与渗透胁迫和植物激素脱落酸应答的RAF-SnRK2激酶级联途径，在*Molecular Cell*，*Nature Communications*，*PNAS*，*Develop Cell*等国际期刊发表研究论文60余篇，多篇论文为ESI高引论文，先后主持中国科学院战略先导科技专项课题和科技部重点研发计划项目课题等。担任*Stress Biology*和*Journal of Integrative Plant Biology*等杂志的编委。

高血糖为何会促发癌症

○周璐　饶枫

糖尿病促进了肿瘤发生

我国是世界上第一糖尿病大国，《中国2型糖尿病防治指南（2021年版）》数据显示，我国糖尿病病患率呈现持续上升趋势，从2002年前的不到5%，到2013年后超过了10%（世卫组织标准）。截至2019年，我国糖尿病患者约占成年人口的12.8%（约1.164亿人），居全球首位。近年来，由于饮食、作息不规律和压力增加等因素，糖尿病的发病人群呈现年轻化趋势。

糖尿病常常会导致人体内代谢紊乱，从而引发一系列严重的并发症。1型和2型糖尿病的共同病理特征是高血糖，长期高血糖会导致血管内皮损伤，严重的还会造成心肌梗死、脑血管病变、周围神经病变和糖尿病足等（图4-9），约80%的2型糖尿病患者死于心血管疾病；高血糖还会增加肿瘤的发病和死亡率[40]。2018年我国研究者针对中国50万人群的流行病学调查显示，2型糖尿病与新发恶性肿瘤的发病风险增加相关，尤其是胰腺癌、肝癌和女性乳腺癌，患有2型糖尿病的男性和女性患癌症的风险相比非糖尿病患者分别高出38.6%和61.4%[41]（图4-9）。当前我国糖尿病治疗总费用中，有高达95.5%的部分是用于治疗相关并发症的费用。糖尿病并发症也给患者造成了巨大的经济负担，在我国，普通糖尿病患者平均年花费3 726元，而有并发症患者治疗费用增加至5.1倍（18 828元，数据来自中华医学会糖尿病学分会）。

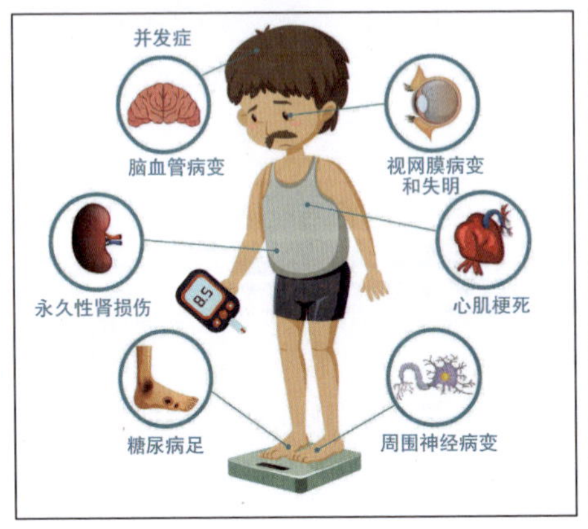

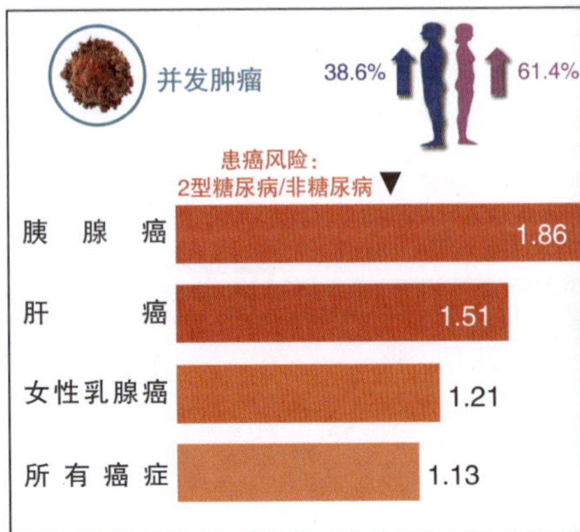

● 图4-9 糖尿病并发症和并发肿瘤

糖代谢稳态失衡引发糖尿病和肿瘤

血糖是机体内一个精妙而重要的代谢平衡信号，维持了各处组织的葡萄糖需求，为细胞内的基础生命过程提供充足的能量和物质。血糖升高会刺激胰岛β细胞产生和分泌胰岛素（目前已知的唯一降糖激素），胰岛素一方面促进细胞对葡萄糖的吸收和利用，另一方面促进肝脏以糖原形式储存葡萄糖，或生成脂肪酸和甘油三酯流向脂质代谢，最终使血糖降低。而血糖下降时胰高血糖素等升糖激素分泌增加，诱导肝脏中的糖原分解、脂解和糖异生，最终增加肝脏的葡萄糖输出以提高血糖水平。

葡萄糖稳态的失衡会诱发糖尿病和癌症。1型糖尿病的病因是胰岛素分泌困难，2型糖尿病的病因是β细胞功能缺陷和胰岛素抵抗，即正常分泌的胰岛素水平难以促进细胞对葡萄糖的吸收和利用。高血糖除了会导致糖毒性和糖尿病并发症，还会影响肿瘤代谢重编程（图4-10）。正常细胞中腺嘌呤核苷三磷酸（ATP）的产生主要依赖于有氧状态下线粒体的氧化磷酸化，而肿瘤细胞中ATP的产生即使在氧气充足的条件下也主要来自异常增强的糖酵解反应。这种异常的代谢的方式不仅会制造适合肿瘤细胞生存的微环境，还会帮助其逃避正常的细胞凋亡程序，增强增殖和迁徙能力，这种异常的糖代谢被称为瓦尔堡效应（Warburg effect）。高糖刺激分泌的胰岛素、肝脏产生胰岛素样生长因子-1（IGF-1）和成纤维细胞生长因子（FGF等）除了降血糖，还会促进肿瘤细胞的增殖，其中GLUT1（葡萄糖转运蛋白1）、IGF-1均为重要的肿瘤标志物。“明星”抑癌蛋白（p53、FOXO1）和促癌蛋白（c-Jun、ETV5）往往也是葡萄糖代谢中的关键蛋白。其中p53蛋白能同时抑制葡萄糖的转运（GLUT家族转运蛋白）和糖酵解代谢酶，并促进糖异生和氧化磷酸化。肿瘤细胞的这一代谢重编程过程，严重依赖于葡萄糖水平，是高血糖刺激肿瘤发生的重要原因之一。

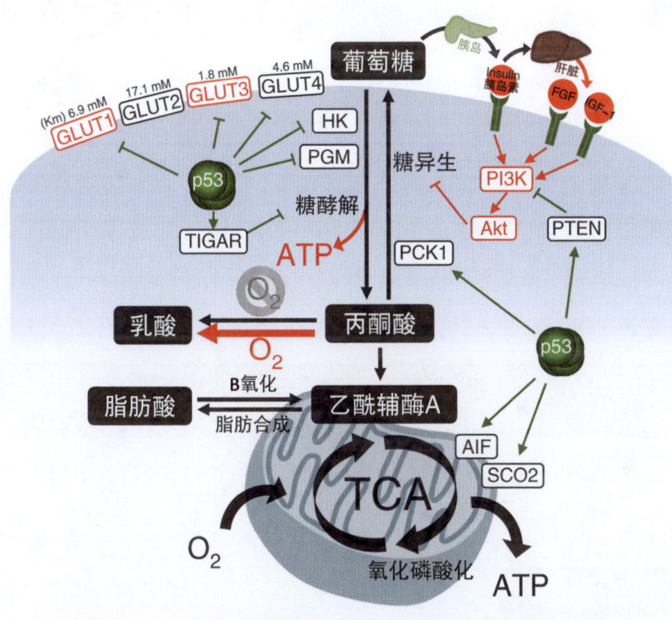

● 图4-10 细胞内葡萄糖代谢和肿瘤代谢重编程（红色）

注：HK—己糖激酶；PGM—磷酸葡萄糖变位酶；TIGAR—TP53诱导的糖酵解和细胞凋亡调节剂；PCKI—磷酸烯醇式丙酮酸羟激酶；PI3K—磷脂酰肌酶3级酶；Akt—蛋白激酶；PTEN—肿瘤抑制因子双特异性磷酸酶；AIF—凋亡诱导因子；SCO2—细胞色素C氧化酶亚基2

维持糖代谢稳态依赖于蛋白质稳态调控

代谢离不开蛋白质的催化（酶）、运输、结构支持等功能，因此蛋白质稳态是维持代谢稳态的基础。通过我们的系列研究发现，高糖持续激活的CRL4COP1 E3泛素连接酶同时参与机体的糖代谢稳态和肿瘤代谢重编程的调控过程，是高糖刺激的高胰岛素血症和肿瘤发生的关键一环。感知葡萄糖信号的CRL4COP1会在β细胞中靶向转录因子ETV5促进其泛素化降解，继而增加胰岛素编码基因（*Ins1*）的转录，最终增强胰岛素分泌[42]；而在肿瘤细胞中高糖促进的CRL4COP1的组装则会靶向p53的泛素化降解，继而促进葡萄糖吸收和糖酵解，最终导致肿瘤的发生[43]（图4-11）。

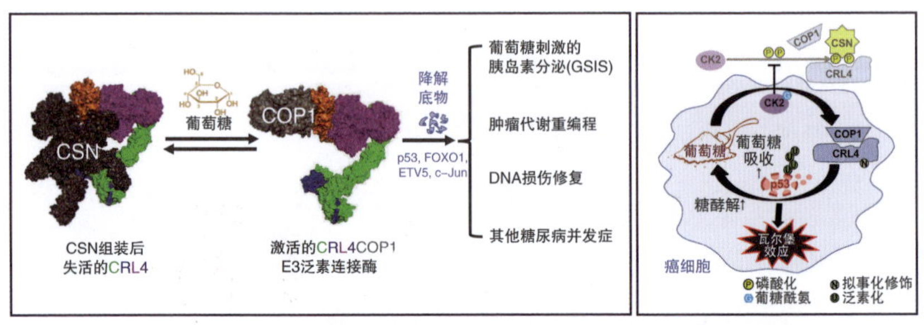

● 图4-11　高糖持续激活CRL4COP1组装，导致糖尿病和肿瘤发生

研究蛋白质稳态系统如何感知葡萄糖信号，并对葡萄糖代谢进行调控这一前沿科学问题，将为代谢性疾病和并发肿瘤的治疗带来新的药物开发靶点和希望。我们发现加入药物抑制调节CRL4的活性，或COP1与底物p53结合，能够显著抑制肥胖、高胰岛素血症以及乳腺癌的发生。这些科学发现再次验证了生物体无论从细胞还是器官，无论从能量、代谢物还是蛋白水平处处都存在着平衡，任一环节的稳定性被破坏都会引发蝴蝶效应，最终损伤机体的健康。

作者介绍

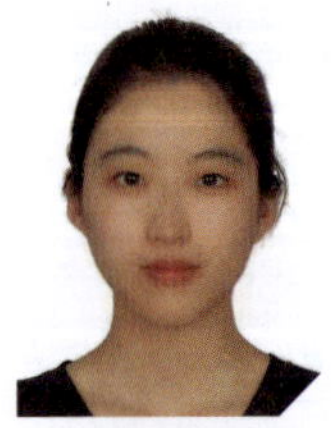

周璐

南方科技大学生命科学学院博士后，合作导师为饶枫老师。博士毕业于中国科学院海洋研究所。主要研究蛋白质稳态层面上的葡萄糖感知的机制。获广东省面上项目支持，并获评校长博士后。

饶枫

南方科技大学生命科学学院副教授，研究员，博士生导师。获南洋理工大学博士学位，约翰霍普金斯大学博士后。致力于研究代机体代谢稳态的维持及其紊乱所带来的疾病发生。获国家自然科学基金委优秀青年科学基金、深圳市杰出青年科学基金等项目支持。

如何用激光治疗疾病

○何思聪

当我们谈到激光，很多人会立刻将其与科幻电影中的未来科技联系在一起。然而，你可能会惊讶地发现，激光技术并不仅仅存在于电影情节中，它已经在现实世界的医学领域中有革命性的应用。激光的独特性质和精确控制能力使其成为一种强大的工具，为医生提供了前所未有的治疗手段和诊断技术。

激光的发展历史可以追溯到20世纪60年代。1958年，美国物理学家查尔斯·汤斯（Charles Townes）和阿瑟·肖洛（Arthur Schawlow）等人将受激放大微波辐射的原理应用于光波段，提出了激光的概念，并将其命名为“LASER”（light amplification by stimulated emission of radiation）。随后，美国物理学家西奥多·梅曼（Theodore Maiman）于1960年5月16日宣布成功制造出波长为0.6943 μm的红宝石激光器，这一里程碑式的发明标志着激光技术的正式诞生。

随着激光器的发明和应用，科学家们发现，激光具有普通光源所不具备的独特性质：其一是高度集中的能量，能够在很小的面积上提供高密度能量；其二是激光光束的发散度非常小，几乎是以平行光的形式传播，使其能够实现高度聚焦和精确的能量传递。激光的这些特性引起了生物学和医学界的浓厚兴趣。科学家和医生们开始思考一个有趣的问题：激光是否能够替代传统的手术刀和剪刀，用于切割病变组织？答案是肯定的。随着激光技术的不断发展，如今激光在外科手术中已被广泛用于切割、凝固和烧灼组织。与其他治疗方法相比，激光治疗具有以下独特的优势：

（1）非侵入性。激光治疗通常是一种非侵入性的治疗方法，无需传统手术切口。同时，激光的热效应可以凝固周围血管，起到止血作用。相较于开放手术，激光治疗能够减少手术创伤、出血和感染的风险，减轻患者痛苦并缩短康复时间。

（2）高精确度。激光治疗通过光束的精确聚焦，实现对病变组织的高精度治疗。医生能够精确定位和控制激光束的照射范围，实现比手术刀更精确的操作，最小化对周围正常组织的损伤，降低手术风险。

（3）操作灵活。医生能够根据特定的治疗目标、病变类型和患者情况，灵活选择激光的波长、脉冲宽度、频率和功率等参数，以达到最佳的治疗效果。借助激光设备上的实时反馈和控制系统，可以精确调节和监控激光参数，使治疗过程更快速、更顺畅，缩短手术时间，减轻患者的不适感。

激光在眼科领域有着重要的应用。其中激光视力矫正手术已成为常见的眼科手术之一，用于纠正近视、远视和散光等视觉问题。通过重塑角膜形状，激光可以改善光线的聚焦，帮助患者迅速恢复视力，摆脱对眼镜的依赖［图4-12（a）］。此外，激光可用于治疗青光眼，通过激光手术促进眼球房水的排出，从而降低眼压，减轻症状并控制疾病的进展。激光还可应用于白内障手术，利用激光切割术创建眼部切口和开孔，以进行白内障的手术摘除和人工晶体植入。此外，激光在治疗某些视网膜病变方面也发挥着重要作用，如，激光光凝可用于治疗糖尿病视网膜病变和年龄相关性黄斑变性等疾病，通过焦化异常的血管或黄斑区域，防止病变进一步发展或出血。

除了眼科领域，激光在肿瘤治疗中也发挥着重要的作用。光动力疗法（photodynamic therapy，PDT）是一种结合光敏剂和激光光源治疗肿瘤的方法。光敏剂被注射到患者体内，经过组织吸收后会在癌细胞中停留一段时间，然后通过激光照射患者体表或肿瘤部位，光敏剂会吸收激光能量并转化为激发态，产生氧化物质，从而导致肿瘤细胞损伤和死亡［图4-12（b）］。激光热疗（laser hyperthermia）是一种利用激光产生的热量来治疗肿瘤的方法。激光束被聚焦在肿瘤组织上，通过吸收激光能量，使肿瘤组织产生热效应，导致肿瘤细胞损伤和死亡。由于激光能够精确地聚焦能量并选择性地破坏肿瘤组织，因此激光热疗可以有效减少对周围正常组织的损伤。

此外，在皮肤外科领域，激光被广泛应用于去除痣、疣、血管瘤和色素沉着等。激光治疗可以针对性地破坏异常组织，促进皮肤再生和胶原蛋白的增生，从而达到皮肤修复和美容的效果。

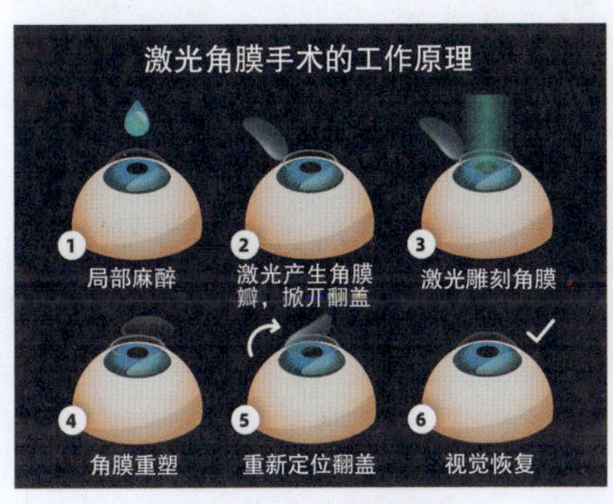

（a）激光视力矫正手术

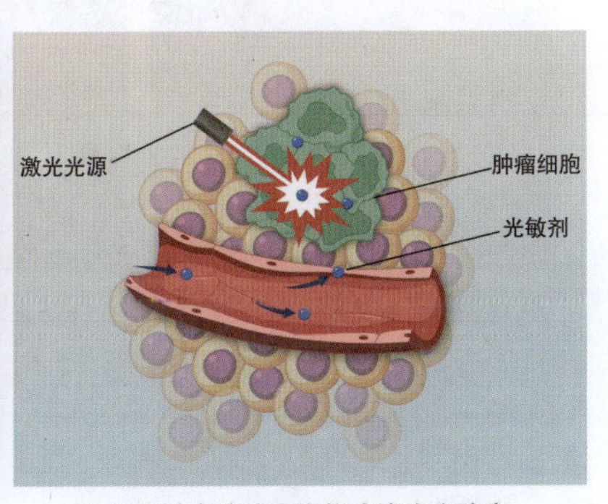

（b）光动力疗法和光热疗法治疗肿瘤

● 图4-12 激光在眼科和肿瘤治疗中的应用

除了手术治疗中的激光医学应用外，激光在生物医学成像和疾病诊断领域也扮演着重要的角色。如，光学相干断层扫描（optical coherence tomography，OCT）技术利用光的干涉原理，可以实现对组织结构的高分辨率成像，使医生能够在非侵入性的情况下观察和诊断眼部和其他组织的病变。激光扫描共聚焦显微镜（laser scanning confocal microscopy，LSCM）可以提供高分辨率的细胞和组织图像，用于观察细胞结构、活动和相互作用，以及进行肿瘤等病理学诊断。光声成像（photoacoustic imaging）结合了激光的光学特性和声波的成像原理，从而能够获取组织的结构和功能信息，可以用于检测和监测肿瘤、血管异常和神经疾病等（图4-13）。这些激光在生物医学成像和疾病诊断中的应用为研究人员和医生提供了高分辨率、高灵敏度和非侵入性的成像手段，有助于早期疾病诊断、病理研究和治疗监测。随着激光技术的不断发展和创新，其应用领域不断扩大，将为医学成像带来更多突破和进展。

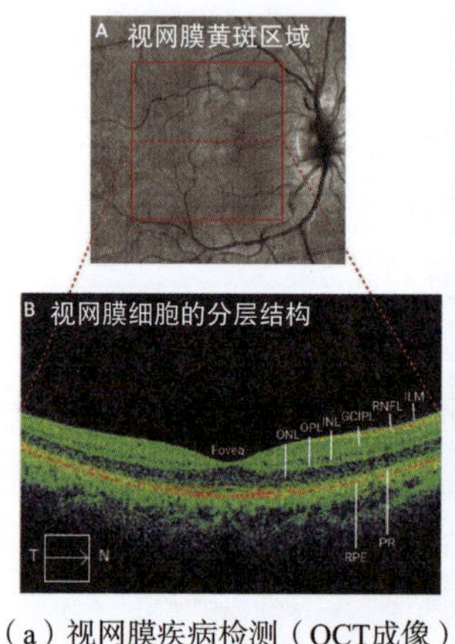

（a）视网膜疾病检测（OCT成像）

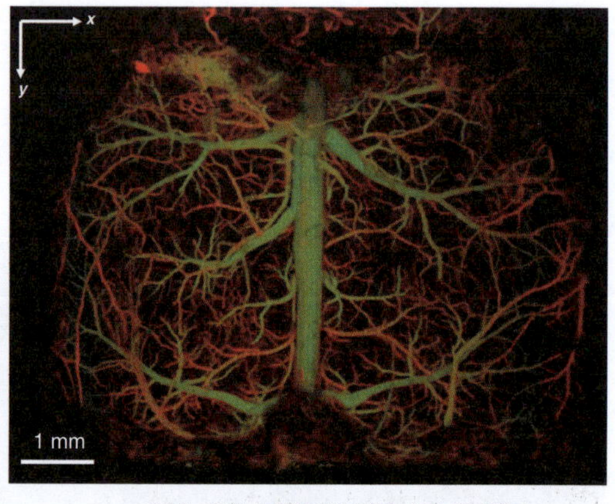

（b）大脑血管网络检测（光声成像）

● 图4-13　激光在生物医学成像领域的应用

总体而言，激光在医学领域应用的发展经历了从最早的基础研究到眼科手术、皮肤治疗、肿瘤治疗和医学成像等领域的广泛应用，为医学界带来了技术革新和突破。激光不仅为患者提供更准确、无创和快速的治疗选择，还为医生提供了更多创新的工具和医疗方法。随着技术的不断进步和创新，激光医学在现代医学中日益重要，并成为具有广阔发展前景的前沿学科。

作者介绍

何思聪

南方科技大学生命科学学院助理教授，分别于浙江大学光电信息工程学系和香港科技大学电子与计算机工程学系获得学士和博士学位。主要从事高分辨光学显微成像技术的开发及其在生物医学领域应用的交叉学科研究。

为什么说聚焦超声是新型“手术刀”

○潘宏信

外科手术是现代医学重要的组成部分，随着科技的发展，手术的边界在技术创新的推动下不断拓展，从开刀手术到微创腹腔镜手术，到如今利用聚焦超声技术，外科手术已经实现了不需要开刀、不产生疤痕，通过体外作用于体内进行手术治疗。

声音是一种以声波形式传播的机械波，人耳能感知的频率为20～20 000 Hz范围内的声波，高于或者低于这个范围的声波都不能为人耳所感知，其中频率高于20 000 Hz的声波被称为超声波（ultrasonic wave）。

超声波的发现，来源于人类对大自然的观察。1793年，来自意大利的博物学家拉扎罗·斯帕拉捷（Lazzaro Spallanzani）为了理解蝙蝠如何在黑暗中飞行，做了一个奇特的实验，如果蒙上蝙蝠的眼睛，蝙蝠仍然能正常飞行和捕猎，如果堵上耳朵后蝙蝠就无法识别方向。人们才发现蝙蝠的视力不佳，它们是依靠喉头声带的高频振动形成超声波，通过耳朵接收并以此来进行定位。在自然界，除了蝙蝠，还有海豚、海豹、海狮及一些鸟类和鱼类也能利用超声波来定位。

1830年，法国物理学家、医生菲利克斯·萨伐尔（Felix Savart）发明了一种声学仪器沙伐音轮（Savart wheel），可产生不同特定频率的声波，频率最高达24 000Hz，这意味着人类首次通过机械装置制造出超声波。

1880年，年仅21岁的法国物理学家皮埃尔·居里（Pierre Curie），就是大家熟知的居里夫人的丈夫，他与雅克·居里（Paul–Jacques Curie）在研究晶体的时候发现在电气石上施加压力，测量电气石的两端会出现极性相反的电荷，压力消失后电荷也随之消失，这种受压产生电荷差的现象被形象地命名为压电效应（piezoelectric effect）。那如果在电气石两端施加电场，电气石的形状是否会发生变化？1881年，他们通过实验回答了这个问题，证实了“逆压电效应”的存在，由此开创了压电学的新纪元。正因为可逆性，通过压电效应制作出来的超声换能器既可发射也可接收超声波，超声换能器是超声波的发生装置，也是所有超声技术的源头，包括了本文重点介绍的聚焦超声技术。材料学的进步也为超声技术的应用提供了重要的材料基础。在自然界存在很多能够产生压电效应的自然晶体，人们随后又发现了能产生更强压电效应的新材料，其中锆钛酸铅（PZT）是当前绝大部分换能器使用的压电多晶体材料。

超声波作为一种机械波，具有方向性好、穿透能力强的特点，被广泛应用于包括医学在内的多个领域。

每一项新技术，从出现到应用，都有一段探索的过程，聚焦超声技术也不例外。1917年保罗·朗之万（Paul Langevin）用高强度超声波照射水箱后，发现鱼都死亡了，如果把手伸入水箱会感到疼痛，由此得出高强度的超声波会作用于生物组织这一结论。1935年约翰纳斯·格鲁茨马赫（Johannes Gruetzmacher）发现，当他在压电发电机上放置一个凹面时，可以聚焦超声波。超声波技术对生物组织是否会产生影响？1942年林恩（Lynn）等提出了这样的问题，即超声波聚焦后是否可以产生热量从而无创地破坏体内的目标病变组织，而不会损坏周围组织？他们把超声波通过凹球面透镜聚焦后形成高强度声束，并作用于牛肝上，留下了焦斑。这是人类首次利用聚焦超声在动物组织上打出了焦斑，标志着高强度聚焦超声在历史上向前迈出了巨大的一步。自此，人们发现了高强度聚焦超声在医学临床应用上的广阔天空，也鼓舞了更多专业的医生积极投身高强度聚焦超声技术的研究和应用。

为什么超声波经聚焦后能够对生物组织产生影响而不损伤周围的组织呢？第一是因为热效应，即超声波聚焦作用于组织时会把能量传递给组织从而引起组织内部温度升高，当组织内部温度超过57 ℃，持续时间大于1 s时，组织内的细胞就会出现不可逆转的损伤。第二是因为聚焦超声产生治疗效果的原理是机械效应，超声波是一种机械波，通过介质传播，当高频声波聚集在生物组织时，介质也会发生高频机械振动，这种振动会对组织产生损伤。第三是因为空化效应，超声波作为一种机械波，通过介质的振动传播，在微观层面，组织中的液体分子距离在超声波的带动下发生变化，当距离超过一定程度，分子的内在平衡会被打破，从液相转变为气相，液体内部就会发生断裂而产生空穴，形成空化核。空化核不断聚集，体积增大，破坏正常的细胞结构和形态。

高强度聚焦超声（high intensity focused ultrasound，HIFU）治疗系统作为一种新兴的无创技术，是指以超声波为能量源，通过不同影像方式的引导与监控，以聚集的形式，将体外低能量的超声波作用于人体内的目标区域（也被称为焦域）的技术。焦域内聚集的超声波发生能量传递，通过上述三种效应使局部组织细胞被破坏，从而发生凝固性坏死，达到治疗的效果（图4-14）。其凭借无创、无麻醉等独特的优势在医学治疗方面发挥着越来越重要的作用。

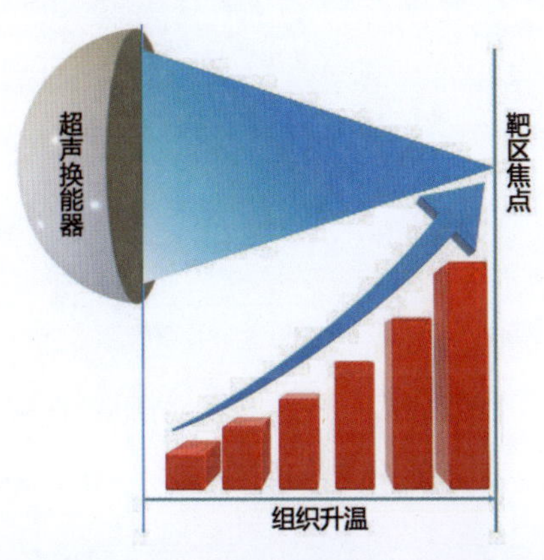

● 图4-14　聚焦超声原理图（热效应）

目前投入临床应用的高强度聚焦超声治疗系统采用数百至数千个超声传感器组成相位阵列，具有实时改变焦点位置的能力。在计算机控制下调节每个超声波发生点都精确到达组织深部，还可以通过计算机控制将每个超声波发生点规划成不同形状和大小，按照治疗的需要来控制超声波治疗的范围。经过聚焦超声照射的区域在磁共振扫描序列下会出现边界清晰的“烧熟”区域，类似于用手术刀将照射的区域进行“切除”。

作者介绍

潘宏信

医学博士，副主任医师。南方科技大学医学院副教授，南方科技大学医院妇科副主任，磁波刀诊疗中心副主任。美国腹腔镜内镜外科医师协会（SLS）国际代表，国际妇科内镜协会（ISGE）中国区理事，广东省科普作家协会新媒体与医学专业委员会副主任委员等。

3D打印器官离我们有多远

○黄文华　利时雨　李梓岳

器官是我们体内行使某一特定生理功能的结构单位，眼耳口鼻、心肝脾肺都属于我们的器官。当器官出问题了，该怎么办呢？如果我们可以像换零件一样更换我们的器官，那么是不是会极大地延长我们的寿命？

实际上，人工替代器官已经服务人类很长时间了，如假牙、人工晶体、人工关节、心脏瓣膜等重要的器官组成部分，早已有成熟的医疗产品了。甚至用于肾脏疾病的血液透析仪、可佩戴的机械心脏，也都属于人工器官，它们替换了人体损坏的器官和组织，恢复、重建了器官功能，延长了人们的寿命。

可能你觉得这些医疗产品并不像是器官，因为它们大多是人工材料制造的，虽然具有和原有器官类似的功能，但是没有血肉，不属于人体的一部分。有没有可能像科幻电影里的场景，通过3D打印技术制造一个有血有肉的人体器官呢（图4–15）？3D打印器官离我们还有多远？

回答这个问题之前，我们应该了解什么是3D打印技术，为什么3D打印技术是制造活体器官最有潜力的技术。3D打印技术诞生于20世纪80年代的美国，最初的3D打印技术运用光固化原理，通过数控使紫外光斑在平面上移动，使平面里的光敏树脂固化，形成一层图案，然后在这个已经固化了的平面上方重复该过程，每一层都叠加在前一层之

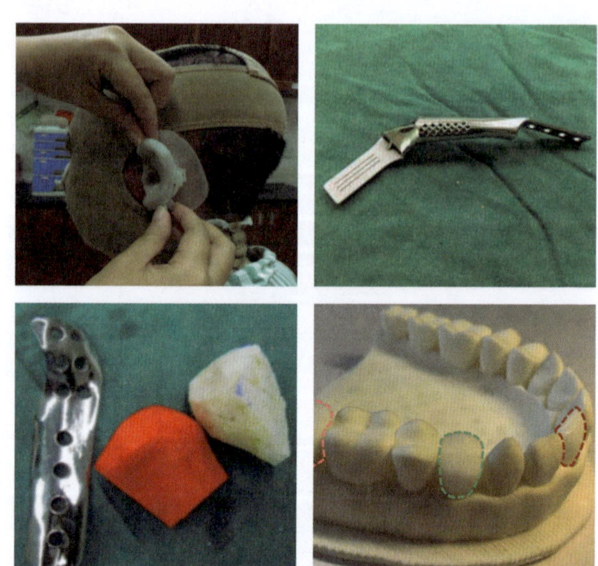

● 图4-15 3D打印耳郭、锁骨、松质骨、义齿

上，就这样不断重复，逐渐叠加形成立体结构。随着这项技术的不断发展，利用激光光斑3D打印金属材料、利用高温3D打印塑料材料、利用粉末和黏合剂3D打印石膏等多种工艺陆续问世[44]（图4-16）。

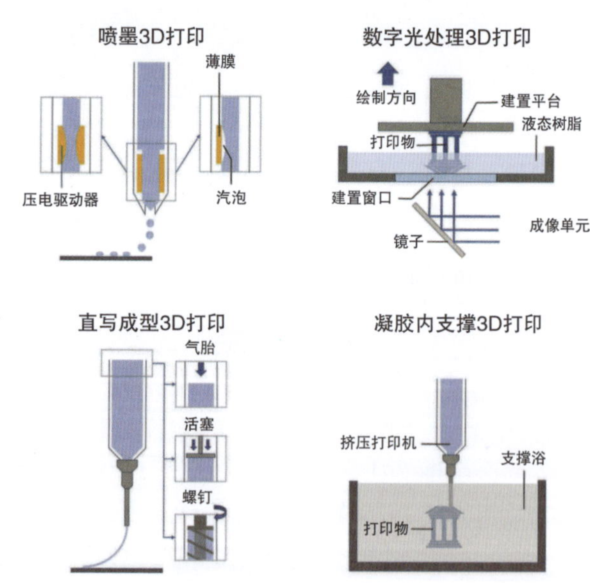

● 图4-16 用于生物3D打印的常用工艺

因为3D打印技术是逐层打印、层层叠加的，所以它可以比切削、雕刻工艺更加便捷且精准地构造三维结构，如中空结构、取向结构、多孔结构等。而这恰恰是制造活体器官所需要的工艺，像骨骼中的多孔骨小梁、排列层次分明的心肌、富含血管网的肠道、内部中空的肺泡，利用3D打印技术来制造再合适不过了。

没有血肉的人工材料可能具有生物毒性，或者生物相容性欠佳，长此以往将慢性损伤身体，造成免疫反应。为了实现“有血有肉”活体器官制造的目标，我们还需要合适的3D打印材料，活细胞、细胞外基质、天然来源水凝胶等成分的混合物就是不可多得的“活材料”[45]，再搭配上无损活细胞的气压挤出式直写成型3D打印工艺，就能制造和人体器官高度匹配的“活器官”（图4–17）。这样的3D打印制品在植入体内后，活细胞会修复损伤组织，持续发挥机体所需要的生理功能，也不会引起强烈的免疫反应；细胞外基质和天然来源水凝胶会形成具有支撑作用的支架结构，为细胞的爬行和生长，以及营养物质的流通交换提供充足的空间。“活器官”在体内生长一段时间后，外来的和原有的细胞在其中共同生长，机体的新生血管也将布满器官内部，“活器官”和身体真正地合为一体。

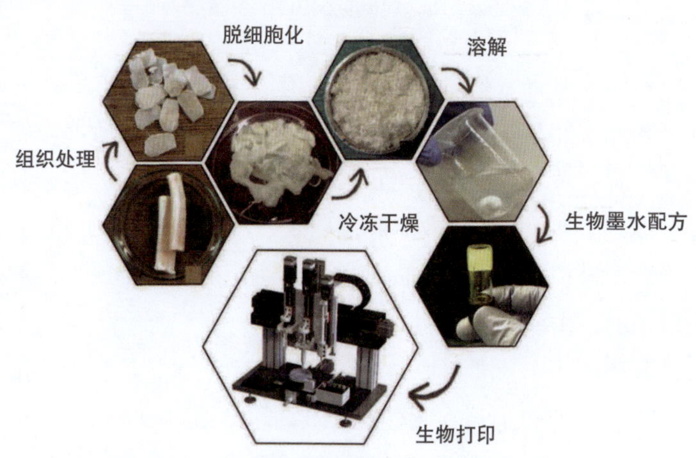

● 图4–17　用于3D打印的细胞外基质“活材料”

目前有哪些3D打印器官问世呢（图4–18）？实际上，大多数的3D打印器官都处于研究阶段，尚未大规模商业化应用。含有活细胞的人工骨骼和人工软骨是最早开始研究的3D打印组织，动物实验已经证实其能够替代原有的损伤组织，恢复生物力学特性。

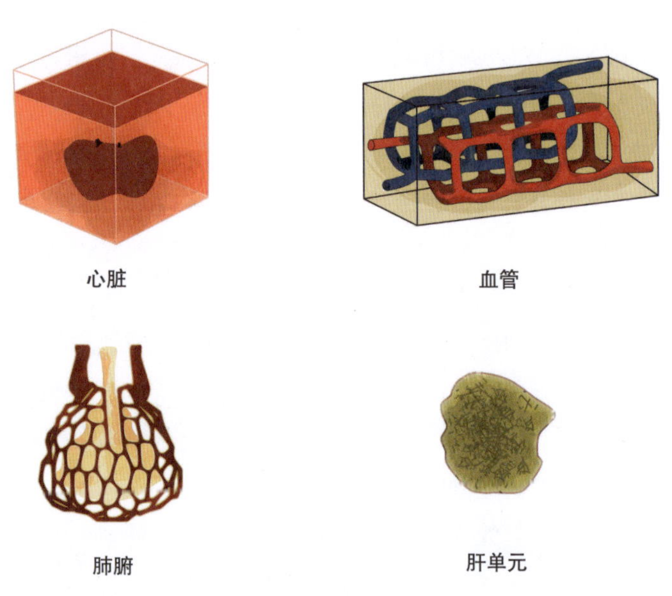

● 图4–18　已问世的3D打印器官

心脏是构成血管系统的重要器官，以色列特拉维夫大学研究团队利用细胞和细胞外基质3D打印了具有完整心脏结构和血管网络的人工心脏，这项研究未来将首先应用在动物身上，以探讨3D打印心脏的功能和安全性；南方医科大学团队利用磁场控制3D打印生物材料的排列方向，构建了模拟心肌多层取向结构的仿生组织，并且成功实现了人工心肌组织的自主跳动。

循环系统的一个重要组成部分是血管，由于血管具有中空结构，早期3D打印技术尝试通过在圆柱模具上打印干细胞形成管道结构，而近年来同轴结构、核壳结构的3D打印技术愈发成熟，已经实现了多例生物活性血管、分支结构血管、复杂血管网络的打印。

肝脏是人体重要的代谢器官，目前，3D打印的肝组织单元基本具备完整肝脏的药物反应特性，已经成为医院和药企筛选药物、测试药物毒性的利器。呼吸系统的肺脏具备气体交换和血氧交换的功能，最新的研究利用3D打印技术成功制造了可通气肺泡和环绕于肺泡周围的毛细血管，从而构建了具有完整功能的肺泡单元。在神经系统方面，3D打印的神经修复支架、脑组织活性凝胶都展现了出色的功能修复疗效，将来或可成为中风、瘫痪后的脑功能损伤患者的福音。

3D打印技术已经在器官制造的研究道路上飞速驰骋，其高速发展有赖于新工艺、新材料、新策略的发展创新。虽然现在仍面临一些问题，如打印的器官尺寸较小，完整结构和功能的器官制造难度高，又如复杂功能如大脑神经活动、肾脏过滤、心脏泵血尚无法和天然器官媲美等。但相信未来随着技术不断完善，以后患者只需让医院采集少量细胞样本，不久后就可以得到崭新的用于移植的活体器官了。

作者介绍

黄文华

南方医科大学人体解剖学国家重点学科教授、博士生导师，南方医科大学研究生院常务副院长。现任中国医药生物技术协会医学3D打印技术分会主任委员、广东省医学3D打印应用转化工程技术研究中心主任、广东省增材制造研究与应用协会理事长。主持国家高技术研究发展计划（863计划）、国家重点研发计划、国家自然科学基金、广东省重大科技专项等国家级、省部级科研项目40余项。积极参与3D打印医疗器械标准化、规范化的行业标准制定及推广，先后获国家级及省部级科研奖励9项，国内外刊物发表科研论文440余篇，申请专利127项，累计培养博士后、博士研究生、硕士研究生共200余人。

利时雨

博士，从事生物3D打印技术研究。主持参与国家重点研发计划、国家自然科学基金、中国博士后科学基金、广东省区域联合基金等国家级、省部级科研项目，发表SCI论文16篇，授权专利10项，编撰专著5部，获博士国家奖学金、广东省医学科技奖。

李梓岳

南方医科大学硕士研究生，从事生物3D打印技术研究。参与国家重点研发计划、国家自然科学基金等多项国家级项目，于国际知名学术刊物发表SCI论文3篇。

为什么说人体是一个生态系统

○宋泽伟

“绿水青山就是金山银山”。在生态学家的眼里，绿水青山就是生态系统（ecosystem）。地球上的生物分属于不同的物种（species）。同一个物种的个体生活在一起，组成了种群（population）。不同的种群混合在一起，就组成了一个群落（community）。群落与所处的环境相互作用，相互改变，其整体被称为生态系统。望天树高耸入云的热带雨林、风吹草低见牛羊的大草原、一望无际的大沙漠，都是典型的生态系统（图4-19）。生态系统的动态平衡，维持了地球的活力，使之成为人类在浩瀚宇宙中的家园。很多人不知道的是，我们自己的身体也是一个复杂的生态系统。在我们身体的表面和内部生活着无数肉眼看

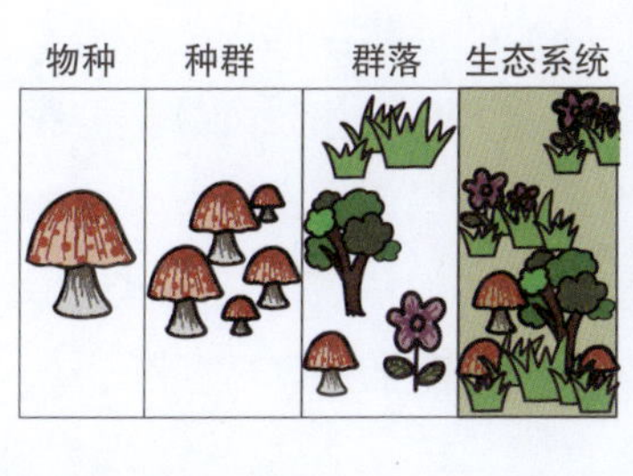

物种、种群、群落、生态系统的关系

生态系统的例子

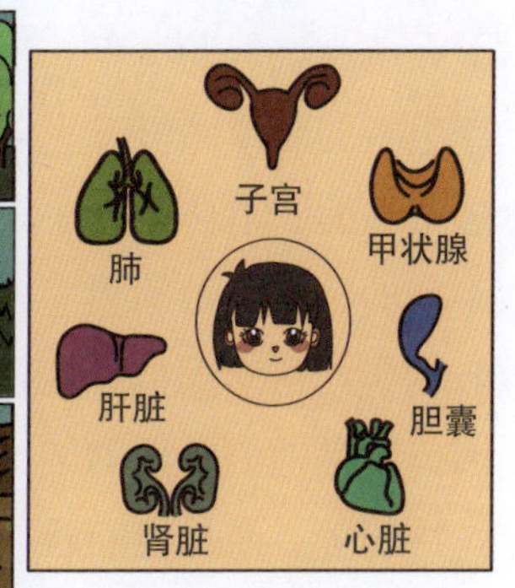

人体生态系统示例

● 图4-19　生态系统

不见的微生物，这些小家伙彼此相互合作，相互竞争，和人体的器官一起构成了一个生态系统。我们的健康，不仅仅由我们的器官决定，也与这个生态系统里面的其他成员息息相关。

你也许会问，“我也没看见自己身上的微生物啊？”按重量计算的话，我们身体里的微生物的确不多。在我们的肠道里微生物最密集，可是它们的重量也不到2 kg（而且还藏在肚子里）。肠道里包含的微生物的细胞多达1 000亿个，是我们全身细胞的10～100倍。但是，微生物的细胞可比人体的细胞要小得多。根据科学家们的估计，人体里的微生物，包含了真菌、古菌和细菌三大生物门类，还有数不清的各种病毒。按照物种数目计算，每一个人的身体里都生活着成千甚至上万个物种，所以每一个人都是一个生态系统！除了肠道，科学家在我们的皮肤、口腔、毛发，甚至眼睛上，都找到了不同的微生物群落。这些微生物，在我们身体的各个器官上，用自己擅长的方式生活着，并且和我们的身体保持着密切的交流。现在，科学家把人体所包含的微生物称为人体共生微生物，并认为它们与我们的健康有着密切的关系（而且大部分时候是好关系）。

人体的消化道是微生物多样性最高的器官。为了弄清楚肠道里的微生物在做什么，科学家们做了对比实验。他们招募了一些同卵双胞胎志愿者。这些双胞胎都有一个共同点，那就是他们其中的一位是健康的，而另一位患有肥胖症。科学家们把志愿者们的肠道菌群移植到了无菌小鼠的肠道里。他们惊讶地发现，如果实验小鼠接受的是肥胖症患者的肠道菌群，它会很快出现类似肥胖症的症状。而那些移植了健康人的肠道菌群的小鼠则依旧健康。更神奇的是，如果继续把健康小鼠的菌群移植给患了肥胖症的小鼠，生病的小鼠就神奇康复了（图4-20）。科学家们据此推测，让这些双胞胎中的一位患上肥胖症的原因，不是他们自己的细胞和基因组（因为同卵双胞胎的基因组是一模一样的），而是他们后天所获得的肠道菌群。

受到小鼠实验的启发，科学家们开发了一种新的技术，让医生通过移植健康人的肠道菌群，来治愈消化道有先天缺陷的患者（比如克

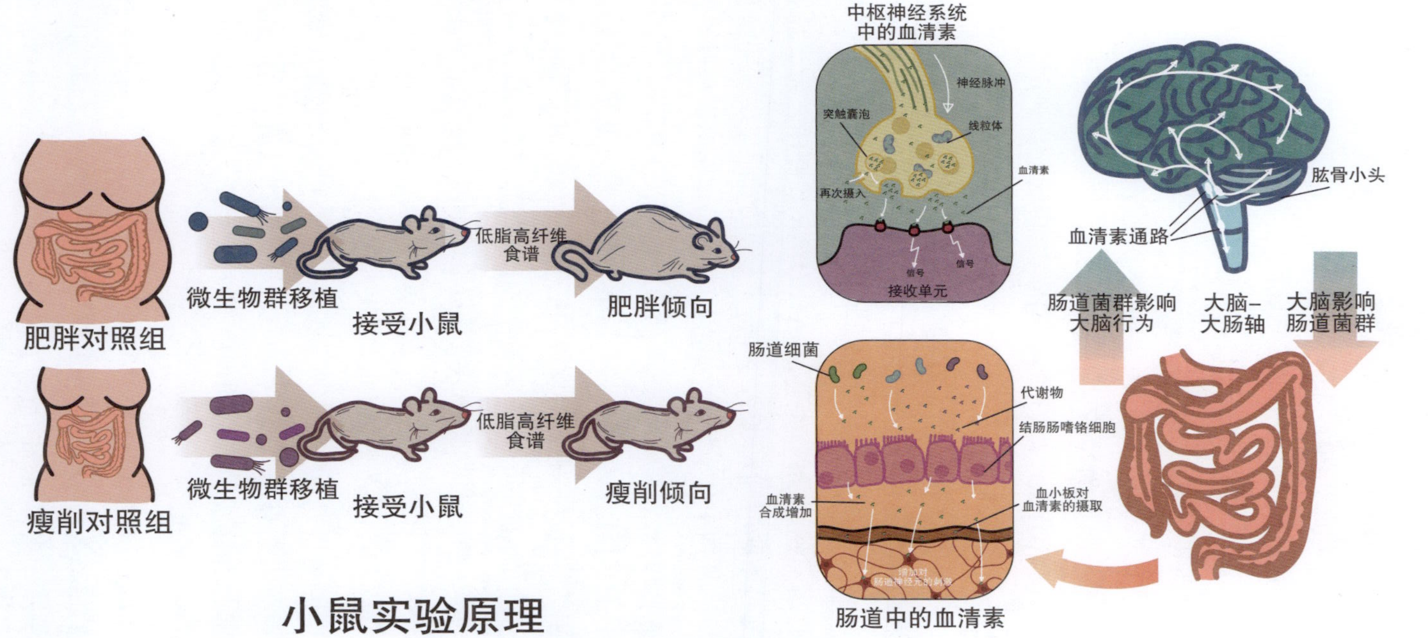

● 图4-20　肠道微生物的作用

罗恩病）。科学家们对肠道菌群，乃至人体共生微生物的探索还有很多。如肠道微生物的代谢活动会产生多巴胺等各种激素，这些激素可以穿过血脑屏障进入大脑，从而影响我们的情绪。科学家们把肠道和大脑的这种关系称为脑肠轴。也许在不远的将来，治疗抑郁症这样的精神疾病，就需要从我们的肚子下手。

利用光学显微镜，我们只可以勉强看见细菌的细胞，但却无法分辨它们是属于哪些物种的，也就没有办法解读一个微生物群落的结构。随着基因测序技术的出现，科学家们可以从分子的水平来研究这些“看不见的客人”。这里所谓的分子，简单来说就是基因（gene）。地球上所有的生物，从最小的病毒，到最大的蓝鲸，都有属于自己的图纸。这个图纸就是它们的基因组（genome）。基因组随着细胞不断复制并变化，一代接一代地传递下去。基因组就像一本书，书的作者只使用了四个字母“ATCG”，我们称之为“碱基”。这些碱基通过不同的排列顺序，组成了不同的句子，也就是我们所说的“基因”。地球上的生物在进化的过程中，演化出了各自不同的图纸。如果我们可以“读”懂这些图纸，也就可以分辨不同的生物。

帮助我们“读”图纸的工具，就是测序仪（sequencer）。测序仪通过一系列的生化反应和光学设备，把碱基组成的句子准确地读出来（就是一长串的ATCG）。科学家再利用特殊的“算法”，把这些零散的句子拼在一起，从而得到微生物群落的结构。这个过程，需要用到拓扑学中关于图论的知识。整个过程很像我们平时玩的拼图，只不过科学家面对的不只是一盒拼图，而是成千上万盒完全不同的拼图（每盒拼图都是一个不同的物种）。这些拼图不仅全都混在一起，而且我们还没有拼图的盒子，不知道它们原始的图纸是什么样子的。但在巧妙的算法和超级计算机的帮助下，科学家可以很轻松完成这个任务。

除了读取生物的图纸，科学家们还可以读取从基因中转录出来的信息（我们称之为转录组）以及基因的最终产物——蛋白质（我们称之为蛋白组）。在工程师的帮助下，科学家们可以让微生物的细胞排好队，一个接一个地进行测量（我们称之为单细胞技术）。近期，科学家们正在开发更先进的原位测量技术，希望能在不破坏原始器官的情况下，实时测定细胞的状态（我们称之为时空组学技术）。工程师们也在不断地尝试缩小测序仪的体积，让它使用起来更加方便快捷。也许在不远的将来，基因测序技术会像体温计、血压计一样成为每个家庭必备的“健康卫士”（图4–21）。

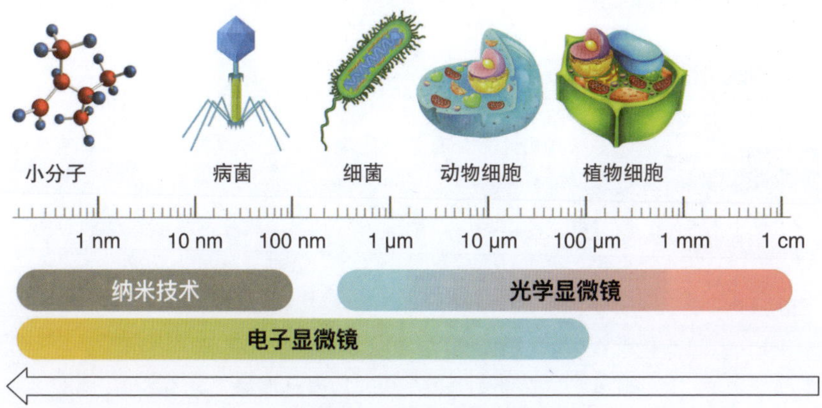

● 图4–21　研究技术的进步

在地球上，微生物无处不在，而且特别喜欢和其他的生物签订“合同”。喜欢吃竹子的熊猫，专啃木头的白蚁，都需要专属的肠道微生物代替它们消化食物。热带雨林里的切叶蚁，会种植特殊的真菌作为食物。绝大部分植物，都有专门合作共生的菌根真菌。真菌的菌丝比植物的根系更细，有着更大的表面积。它们代替植物的根系在土壤中吸收养分。作为交换，植物为他们提供光合作用固定下来的碳水化合物，如固氮细菌生活在豆科植物的根部，利用它们的特殊本领从空气中固定氮元素，成为豆科植物的肥料工厂。这些微生物，既找到了安全的庇护所，又繁衍了后代，还不需要担心食物的来源，可是一点都不吃亏！

随着科学技术的进步，我们每一个人的生活都少不了对微生物以及微生物群落的利用。微生物可以帮助我们更准确地掌握自己的健康状况，帮助医生更快速地确定有效的治疗方案，帮助农业工作者更精准地预测土壤的养分状况，提高粮食产量。微生物也是适应极端环境的高手，从珠穆朗玛峰到马里亚纳海沟，都有它们的身影。也许在不远的未来，它们会成为人类开拓外星世界的先锋，在其他的星球建立崭新的生态系统。

作者介绍

宋泽伟

深圳华大生命科学研究院副研究员。本科毕业于北京林业大学环境科学专业。于中国科学院西双版纳热带植物园获得生态学理学硕士学位。于美国明尼苏达大学双城分校生物产品与生物系统工程系获得博士学位。长期从事微生物群落与生态系统功能的研究。作为主要参与人，建立了世界上第一个真菌功能数据库FUNGuild。主要研究方向为重要生态系统菌群的宏基因组学、重要资源微生物的比较基因组学。已发表25篇SCI论文，其中第一作者或通讯作者文章13篇。

微生物之间如何实现合作共赢

○郑越

在人类社会关系中，人与人之间形成了错综复杂的社会关系，其中包括竞争和合作。随着人类社会进入全球化时代，我们的发展模式从单打独斗向合作共赢转变。人与人之间可以通过合作实现资源的最大化利用和成果的高效产出。在动物王国中，一些动物也和人类一样表现出高度社会化，如蚂蚁、狼、猴。我们平时看到蚂蚁一般都是成群结队地出现，他们之间有明确的分工。根据他们的工作，可以分为四类：蚁后（蚂蚁妈妈）主要负责生蚂蚁宝宝；雄蚁（蚂蚁爸爸）配合蚂蚁妈妈生蚂蚁宝宝；工蚁主要负责寻找食物、打扫卫生等；兵蚁负责保卫安全。那么在微生物世界中，微生物是否也会像我们人类和动物一样采取合作共赢的方式生存呢?

以我们的肠道微生物为例，肠道微生物是帮助我们消化食物的主力军。在我们的肠道中有多达上千种不同的微生物，肠道微生物之间的相互关系是复杂的，它们之间有利的合作有助于我们身体健康，它们之间有害的互作，会引起我们身体的不良反应，出现肠道功能紊乱。微生物之间的相处之道可以细分为六类种间关系：互利共生、偏利共生、偏害共生、寄生或捕食、竞争、中立。我们将微生物间的相处比作微信好友之间的交流，根据两者之间相处的“心情”，我们可以通俗地理解这六类种间关系（图4–22）。

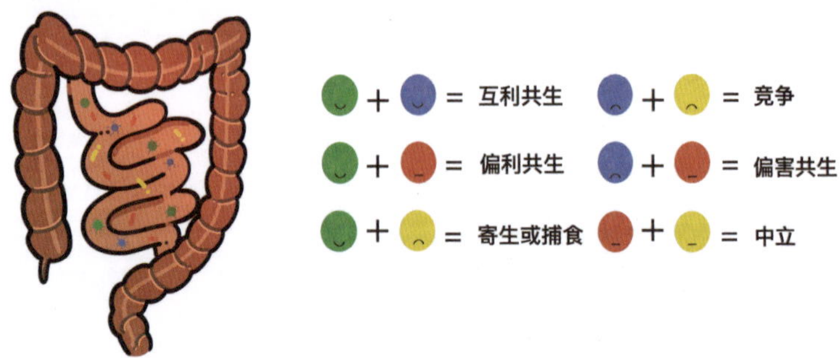

● 图4-22 六类微生物种间关系

下面，我们主要讨论六类种间关系中的互利共生（合作共赢）。

当人类进入农业社会后，货币和文字开始进入人们的生活，帮助人们建立了更大规模的合作。货币能帮助我们实现利益的交换，文字能帮助我们进行信息的交流。类似于货币和文字，微生物之间可以通过电子实现能量的交换，通过信号分子实现信息的交流。

科学家德里克·娜悟理（Derek Lovley）等在实验中发现[46]，当营养受限的情况下，硫还原地杆菌和金属还原地杆菌会紧紧抱在一起，形成团聚体（图4-23）。那么两种微生物会什么要紧紧抱在一起呢？从能量代谢的角度来看，微生物需要从电子供体获取能量，也需要有电子

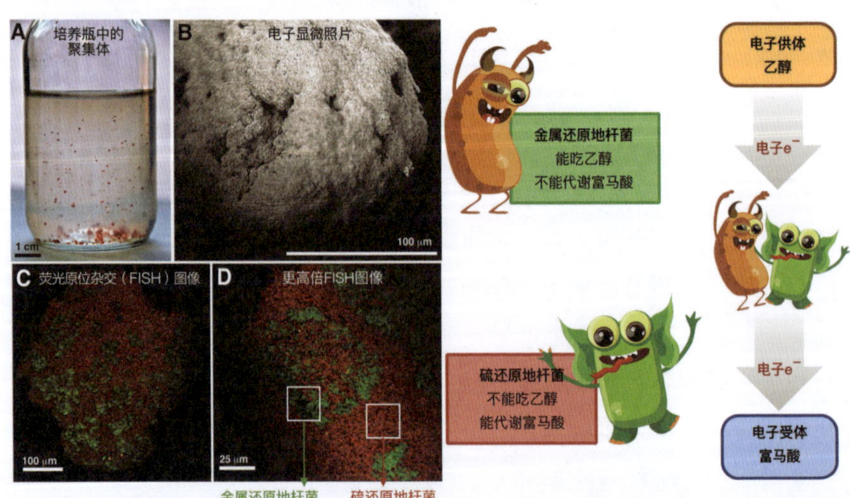

● 图4-23 硫还原地杆菌和金属还原地杆菌形成团聚体[46]

受体释放能量。金属还原地杆菌能利用乙醇作为电子供体，不能利用富马酸作为电子受体；而硫还原地杆菌能利用富马酸作为电子受体，不能利用乙醇作为电子供体。当在两者共存时，仅提供乙醇和富马酸，他们不进行合作的话，无法实现能量从电子供体到电子受体的转移。所以，硫还原地杆菌和金属还原地杆菌紧紧抱在一起的，两者之间通过直接接触，使电子从金属还原地杆菌传递到硫还原地杆菌。细胞直接接触时传递电子的是细胞膜上的细胞色素c蛋白。

当微生物之间不能亲密接触时（存在一定的空间距离），微生物之间是否还能实现电子的长距离传递呢？硫还原地杆菌和金属还原地杆菌之间还可以通过生物纳米线实现种间电子传递，生物纳米线是一种微管道，其直径不到人类头发丝的万分之一[47]，犹如微生物的手臂，在细胞膜未直接接触时也能实现种间电子传递（图4–24）。能长出生物纳米线的微生物涵盖了细菌、古菌和藻类，可见生物纳米线是微生物世界中广泛存在的电子传递方式。

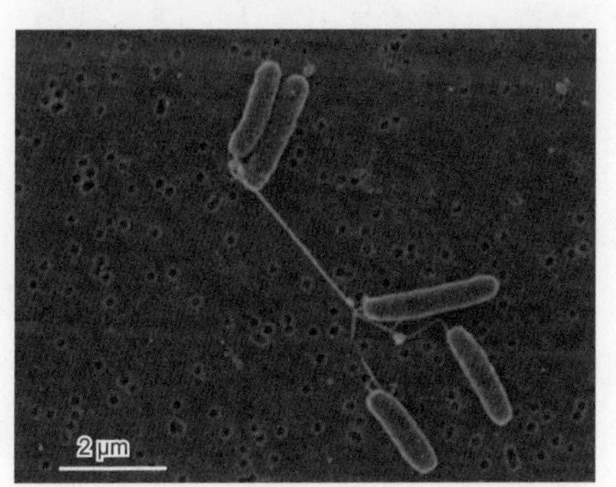

● 图4–24　微生物的生物纳米线[47]

除了微生物自己长出来的生物纳米线，微生物还可以利用环境中的碳材料、矿物、腐殖质等进行种间电子的互营。电子在这些介质中可以利用其导电性进行电子传递，也可以利用其氧化还原态转换进行电子传递。研究者发现，基于氧化还原态转换进行电子传递时，当介质跨越的氧化还原范围越大，能打破的种间能量传递屏障越大，就更有助于提高微生物之间的协作，从而提高微生物互作网络的复杂性。

此机制类似“电子桥”（图4–25），当桥面越宽，桥梁跨度越大，能实现的两岸沟通也越多。

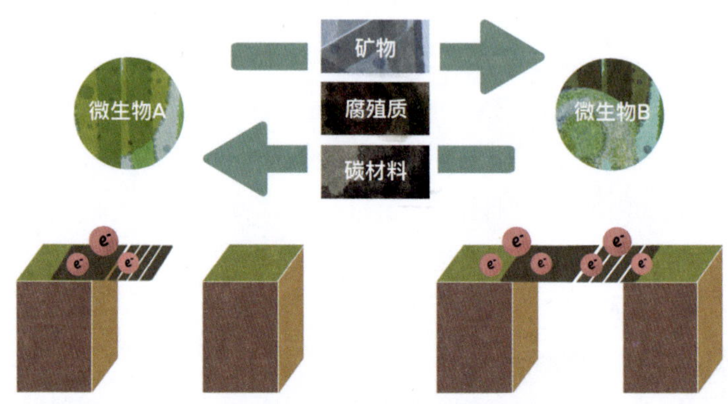

● 图4 –25　微生物种间的电子桥

微生物之间是否能实现更远距离的电子传递呢？研究者在海底沉积物缺氧区发现了活跃的硫化物氧化现象。通常情况下微生物的硫化物氧化需要氧气或硝酸盐等电子受体，然而沉积物中氧气和硝酸盐均有限。那么是什么驱动沉积物中的硫化物氧化呢？在排除物理和化学原因后，研究者锁定了一类丝状菌，这类丝状菌属于脱硫棒菌科（Desulfobulbaceae），他们以首尾相连的方式形成一条直径约为一个细胞长度，长度为几千个细胞长度的丝状结构[48]。丝状菌可以跨越沉积物中厘米级的空间距离，一头伸出沉积物上部，通过氧气获得电子，另一头扎入沉积物底部，把沉积物上部获得的电子传递到底部（图4–26）。该现象中丝状菌犹如“活体电缆”，是联结微生物世界的电子互联网。

上文我们讨论了微生物之间通过电子互营实现自然界的合作，同时微生物之间还可以通过信号分子实现合作。信号分子初次被发现于发光的乌贼，起发光作用的主要是乌贼体内的费氏弧菌，而费氏弧菌的发光受信号分子的调控。当费氏弧菌种群密度较低时，其分泌一种信号分子，费氏弧菌感受到信号分子后，大量繁殖并发出荧光，这就是微生物世界里的群体感应现象。群体感应犹如微生物王国的语言，根据信号分子可以把群体感应分为三大语系：寡肽、酰基高丝氨酸内酯、自诱导物-2。

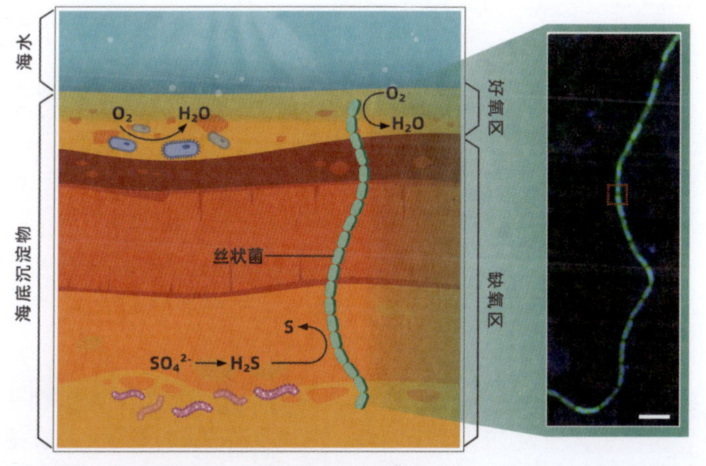

● 图4-26　脱硫棒菌科丝状菌实现沉积物从上至下的长距离电子传递[48]

那么研究微生物之间的合作共赢有何用途呢？以公司组织为例，不同工种之间的密切合作成就了公司的高效运转。在微生物社群中，如果能充分理解不同种类微生物之间的合作关系，优化互作网络，可以提高微生物社会的工作效率。如在微生物参与的燃料生产、高附加值产品合成、污染物降解方面，科学家通过加强微生物之间的合作，实现了更高效的微生物社群功能。

作者介绍

郑越

厦门大学副教授，博士生导师。从事滨海微生物研究。博士毕业于中国科学院城市环境研究所，先后在德国图宾根大学和美国华盛顿大学访问学习。已发表研究论文30余篇，其中以第一作者/通讯作者（含共同）在*Science Advances*，*National Science Review*，*ISME Journal*，*mBio*，*Fundamental Research*，*Environmental Science & Technology Letters*等期刊发表论文15篇。论文累计总被引用超过1 800次，h指数26。主持国家自然科学基金2项（青年基金和面上基金），科技部重点研发计划项目子课题1项。

荧光和磷光有什么不同

○周洪齐　陆为

生活中随处可见的各种各样的光现象，如气体分子对太阳光的散射造成的蓝色天空［图4-27（a）］，又比如不同物质所带有的各种颜色，是由于物质对不同波长的光具有强度不一的吸收，物质的颜色便是物质吸光后所剩下的光学互补色［图4-27（b）］。正是这些光与物质间复杂的相互作用才使得我们生活的世界充满了绚丽的色彩。自然界中除了上述所提到的光散射、光吸收现象，还存在着丰富的发光现象，本文所提及的发光是指一种冷发光（luminescence）现象，而不是恒星、白炽灯这一类的热辐射发光。

（a）蓝色的天空

（b）丰富的颜色

（c）荧光　（d）磷光

● 图4-27　各种光现象

根据国际纯粹与应用化学联合会（IUPAC）发布的光化学术语词典中的定义，冷发光是指当环境处于非热平衡状态下的电子激发态的自发辐射。根据激发方式的不同，冷发光可以细分为光致发光［photoluminescence，图4-27（c）和（d）］、电致发光、化学发光等。光致发光的微观过程可以简单理解为物质分子吸收光子后，又重新辐射出光子的过程。光致发光依赖外界光源（激发光）进行照射，从而获得激发能量，一旦光源的激发作用停止，发光现象也将会在随后的一段时间内停止，我们可以简单地将这段延迟时间理解为发光的寿命，根据寿命的长短，可以将发光分为寿命较短的荧光（fluorescence）和寿命较长的磷光（phosphorescence）。

一个分子吸收一个光子后，由基态到达激发态的过程以及一个分子由激发态回到基态，同时辐射出一个光子的过程，均被统称为辐射跃迁。辐射跃迁的本质是分子内电子组态的改变。如一个分子从激发态回到基态，分子中的一个电子从原来能量较高的分子轨道跃迁到能量较低的轨道上，辐射出光子的能量刚好等于这两个轨道之间的能级差，此跃迁过程中发射出的光就是荧光和磷光了。根据定义，荧光是指保持自旋多重度不变的发光，磷光是指自旋多重度发生改变的发光[49]。即在电子跃迁前后，电子的自旋方向保持不变的发光是荧光，电子的自旋方向发生翻转的发光是磷光。自旋方向发生翻转的跃迁违反了跃迁的自旋选择定则，是受到阻碍的缓慢跃迁，因此磷光的寿命往往都比荧光的寿命长。

电子的自旋方向分别以（↑↓）表示（图4-28），其自旋量子数m_s分别为＋1/2和-1/2，用M_s来表示电子自旋量子数之和（即$M_s=\sum m_s$），分子的自旋多重度$S=2|M_s|+1$。以常见的有机分子为例，其基态一般为闭壳层的电子排布，即电子均按自旋相反的方式配对充满分子轨道，此时基态的自旋多重度$S=1$，为单重态，基态表示为S_0。基态分子吸收激发能后，电子向上跃迁，此跃迁过程中，电子自旋方向并未发生改变，分子的自旋多重度S保持不变，仍为1，分别用S_1、S_2和S_n来表示能量由低到高的第一、第二和第n激发单重态。如果电子

的自旋方向发生了翻转，分子的自旋多重度S=3，为三重态，分别用T_1、T_2和T_n来表示能量由低到高的第一、第二和第n激发三重态。分子的同一激发态（S_1和T_1）具有相同的电子排布（电子组态），只存在电子自旋方向上的差异，根据洪德规则（Hund's rule），当电子以自旋平行的方式占据轨道时，会降低体系的能量，电子以自旋平行排布的三重态（T_1）的能量会略低于单重态（S_1）。

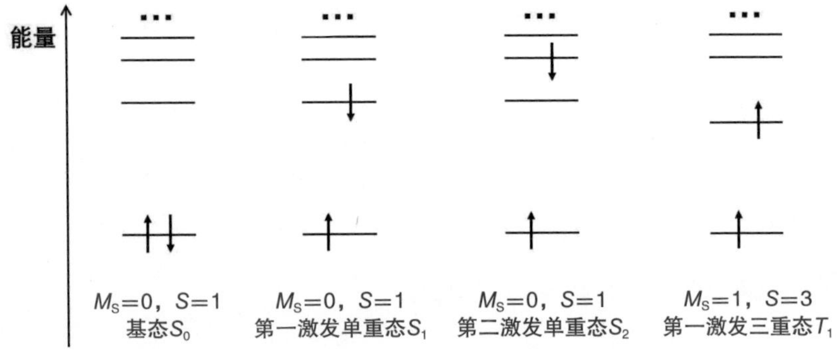

● 图4-28　单重态S与三重态T的电子排布情况

处于基态S_0的分子通过吸收光子从而被激发到高能量的激发单重态S_1/S_2/S_n（图4-29），光子的吸收（absorption）过程是非常快速的，一般在飞秒时间尺度（10^{-15} s）内完成，而后遵循卡莎规则[50]（Kasha's rule）通常只能观测到从最低激发态辐射出的发射，由于激发态之间的能隙较小，其振动能级之间的交叠情况较为严重，高级激发单重态S_n、S_2等会以不发射光子的形式（非辐射跃迁：分子将激发所得的能量通过分子振动–转动等形式耗散给周围环境），迅速衰减到最低的激发单重态S_1，此过程称为内转换（internal conversion，IC），一般可在10^{-10} s内完成。由于吸收与内转换过程均是在很短的时间尺度内完成，因此后续发生的各种光物理过程基本都是从第一激发态（S_1或T_1）开始的。处于第一激发单重态S_1的分子若以发射光子的形式回到基态S_0，此过程发射出的光则被称为荧光，荧光的寿命一般为10^{-9}～10^{-7} s。若存在重原子效应等有利于电子的自旋方向发生翻转的因素，处于第一激发单重态S_1的分子可以通过非辐射跃迁的形式到达能量略低于S_1的第一激发三重态T_1，此过程被称为系间窜越（intersystem crossing，ISC），一般在10^{-10}～10^{-8} s内完成。处于第一激发三重态T_1的分子若以发射光子的形式回到基态S_0，此过程发射出的光则被称为磷光，磷光的寿命一般为10^{-6}～10 s，如夜明珠这种可以在黑暗中发光的材料通常都是磷光性材料，在外界光源的激发停止后，仍残留着可被肉眼直接观测到的光亮，而荧光由于寿命过短，一旦外界的激发光源停止照射，荧光发射随即在10^{-9}～10^{-7} s内完成，这是人眼无法直接观测的时间尺度；由于T_1的能量略低于S_1，相应的磷光光子的能量应当是略低于荧光光子的，从而导致了磷光的波长往往都比荧光的波长大。当然，处于S_1的分子也有可能以热运动这种非辐射跃迁的形式将能量耗散掉，通过内转换回到S_0，但由于S_1与S_0间的能隙较大，此内转换速度较慢，一般需10^{-7}～10^{-5} s才能完成。

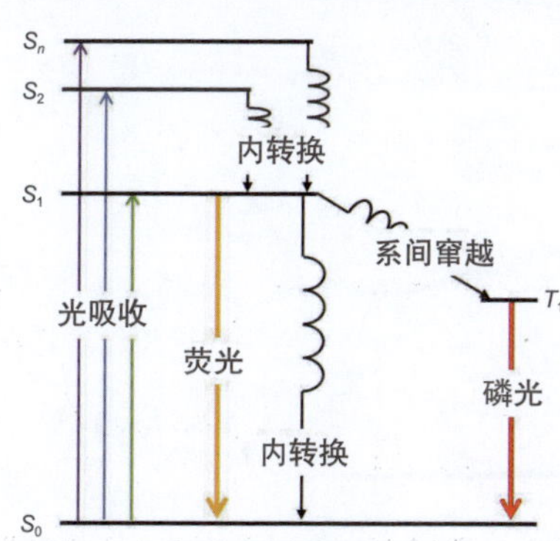

分子状态的跃迁	光物理过程	时间尺度/s
$S_0 \rightarrow S_1/S_2/S_n$	激发（光吸收）	10^{-15}
$S_2/S_n \rightarrow S_1$	内转换	10^{-14}～10^{-10}
$S_1 \rightarrow T_1$	系间窜越	10^{-10}～10^{-8}
$S_1 \rightarrow S_0$	荧光	10^{-9}～10^{-7}
$S_1 \rightarrow S_0$	内转换	10^{-7}～10^{-5}
$T_1 \rightarrow S_0$	磷光	10^{-6}～10

● 图4-29　雅布伦斯基（Jablonski）能级图[51]及相关的光物理过程的描述

从时间尺度上考虑，磷光的寿命远长于荧光，这增大了磷光被其他物质猝灭的可能性，而且空气中的氧分子又刚好可以高效地猝灭激发三重态，如何简便地避免氧分子对三重态的猝灭成为磷光研究所必须面对的问题。南方科技大学化学系光功能分子实验室正是基于磷光被氧分子猝灭的这一现象，提出了“光活化磷光（photo-activated phosphorescence，PAP）”这一概念。以具有荧光和磷光双重发射的金配合物Au2为例进行说明（图4-30），在365 nm紫外光的照射下，基态的Au2被激发至S_1，一部分的S_1辐射出蓝色的荧光（400～480 nm）。由于金原子的重原子效应，另一部分的S_1可以发生系间窜越到达T_1，基态的氧分子（$^3O_2$）将T_1的Au2猝灭，并生成高氧化性的单重态氧（$^1O_2$），所以观测不到Au2的磷光发射。但是作为溶剂分子的二甲基亚砜（DMSO）却可以捕捉并消耗$^1O_2$，故而随着激发光照的持续进行，溶液中的氧分子被逐渐除去，也就可以观察到磷光发射的逐渐恢复，黄色的磷光（530～650 nm）逐渐增强［图4-30（c）和（d）］，将溶液剧烈晃动后，使得空气中的氧分子溶入溶液中再次将T_1猝灭，便又只能观测到黯淡的蓝色荧光［图4-30（d）］，随着激发光照的持续进行，将会重复以上过程，反复实现磷光的激活与猝灭，这种经激发光活化后才得以开启的磷光被称为“光活化磷光”。这种通过光照控制的除氧方式，具有光照调控的一系列优点，可以无接触式除氧，操作简洁，便于程序化控制除氧进程，而且可以利用DMSO这类光化学除氧溶剂（基质）来构建空气气氛下的激发三重态体系。

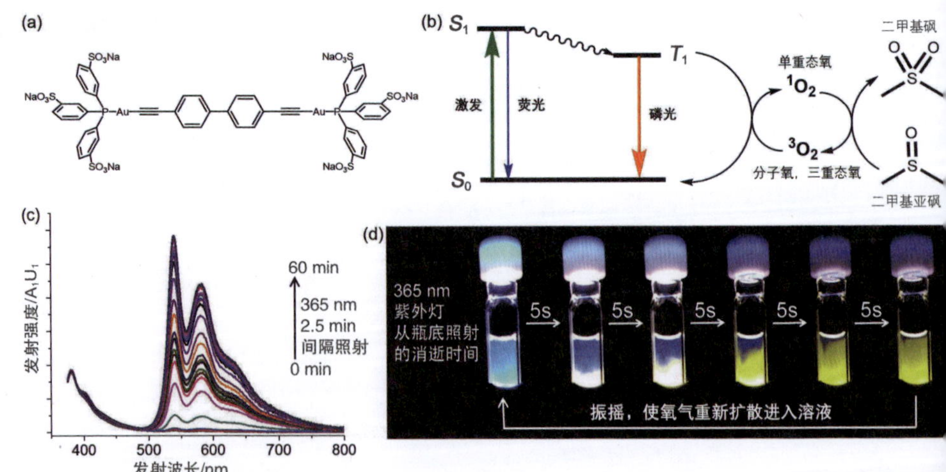

（a）金配合物Au2的化学结构；（b）激发光照射下：Au2-DMSO溶液的光化学除氧示意图；（c）发射光谱；（d）真实照片

● 图4-30　具有荧光和磷光双重发射的金配物Au2的“光活化磷光”现象[52]

作者介绍

周洪齐

南方科技大学理学院博士研究生，导师为陆为教授。本科毕业于华南师范大学化学与环境学院。主要研究方向为无机光化学，包括光活化磷光和光化学除氧的相关应用。

陆为

南方科技大学化学系教授。于香港大学化学系获得博士学位。课题组自2011年在南方科技大学成立以来一直从事研究有机金属化合物的激发态性质调控及其在光功能分子材料方面的应用。

为什么有机硅的应用如此广泛

○陈子豪　何川

氧（O）和硅（Si）是地壳中含量最多的两种元素，分别约占49%和26%。在自然界，硅通常以氧化物的形式存在，如沙子的主要成分就是二氧化硅（SiO_2）。二氧化硅经过还原可得到单质硅，再经过冶炼、精馏、提纯等工序，可得到$SiHCl_3$、$SiCl_4$等，它们是生产高纯硅以及合成有机硅的重要原料，支撑着航空航天、电子器件、健康医疗等行业的发展。因此，从地下的沙子到宇宙中的航天飞船，都可以见到硅的身影。

1863年，法国化学家查尔斯·弗里德尔（Charles Friedel）和詹姆斯·梅森·克拉夫茨（James Mason Crafts）利用$SiCl_4$合成了历史上第一个有机硅化合物（式 1），这被认为是有机硅化学的起点。

$$2Zn(C_2H_5)_2 + SiCl_4 \xrightarrow{160^{o}C} Si(C_2H_5)_4 + 2ZnCl_2 \qquad （式1）$$

此后化学家们不断推动有机硅化学的发展。1904年，英国化学家基平（F. S. Kipping）发现了利用格氏试剂制备有机硅化合物的方法（式 2）。这种有机硅化合物的生产方法在操作简便性、安全性、应用范围方面都得到很大提升，成为日后有机硅工业的基础。

$$RMgCl + SiCl_4 \longrightarrow RSiCl_3 + R_2SiCl_2 + R_3SiCl + R_4Si + MgCl_2 \qquad （式2）$$

20世纪30年代后，美国康宁、陶氏化学等公司开始将有机硅和高分子结合起来，并开发出硅橡胶、硅树脂、涂料等多种类型有机硅氧聚合物。硅橡胶的类型丰富，应用广泛，是非常重要的有机硅产品。硅橡胶由线性聚硅氧烷与各种化学助剂混合加工而成。经过硫化后，线型大分子链相互交联形成网状的高分子，其弹性、强度等性质得到改善。按照生产条件的不同，硅橡胶一般可分为高温硫化型和室温硫化型。

高温硫化橡胶（高温胶）是由高摩尔量的硅生胶混炼而成，在汽车制造、医用科学、航空航天等领域应用广泛（图4-31）。硅橡胶可以在极端的环境下保持稳定性能，是航空航天领域应用普遍的高性能材料，可用于保护涂层、密封垫圈、氧气面罩、电线、仪器仪表的软管等。飞机的机翼上覆盖一层硅橡胶后，可在低温中保持弹性，保证飞机在高空中长时间的安全飞行。

（a）航空涂层 （b）生活日用 （c）医疗器械
（d）车辆制造 （e）电子设备 （f）胶粘密封

● 图4-31 硅橡胶的部分应用

室温硫化橡胶（室温胶）是由低分子量的硅生胶制备而成。室温胶的主链末端含有活性官能团，在一定条件下可发生缩合反应，形成交联的大分子。室温胶因其低分子量而被称为液体硅橡胶，在黏合剂、密封剂等产品中应用广泛。

那么，为什么硅橡胶会拥有这些优越的性能，并得到广泛应用呢？设计调控硅生胶侧链和端基，可生产出特定性能的硅橡胶：二甲基硅橡胶是侧链全部由甲基组成的聚硅氧烷，是最早合成和使用的高温胶，但它的机械性能较差。在侧链中引入乙烯基，可得到甲基乙烯基硅橡胶，其弹性等机械性能得到改善。而在甲基苯基乙烯基硅橡胶中，苯基等大位阻基团的引入，可降低硅氧高分子链的规整度，扩大温度耐受范围，使得聚合物具有耐低温、耐辐射等优越性能。氟硅橡胶是指侧链含氟的一种硅橡胶。氟硅橡胶拥有耐老化、耐油性和耐溶剂等优良性能，常用于航空薄膜、飞机油箱、耐腐蚀衣物和手套等（图4–32）。

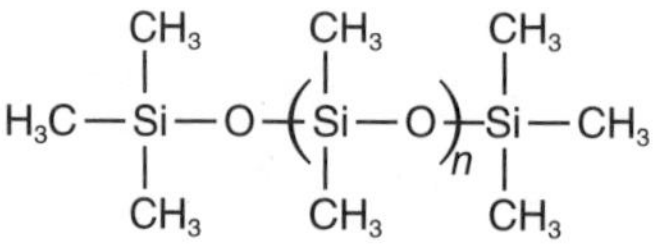

（a）二甲基硅橡胶

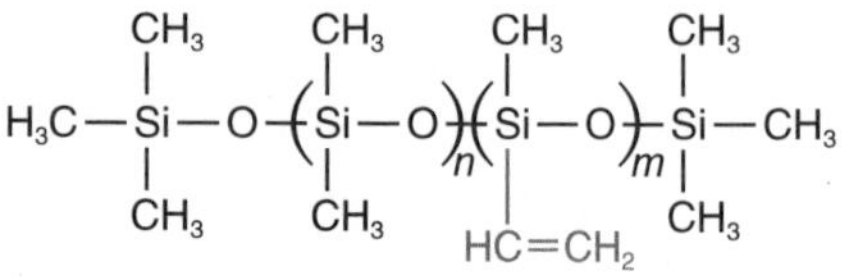

（b）甲基乙烯基硅橡胶

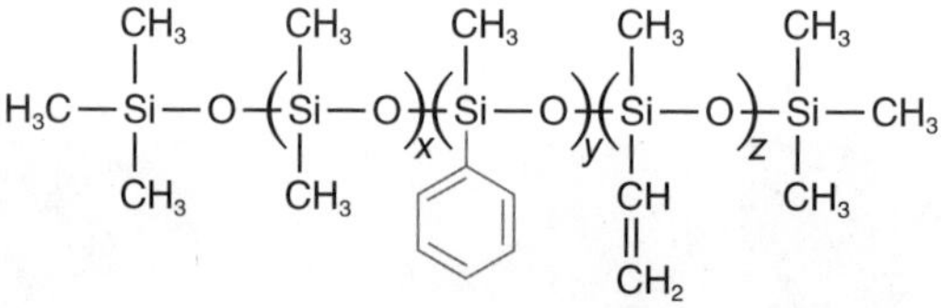

（c）甲基苯基乙烯基硅橡胶

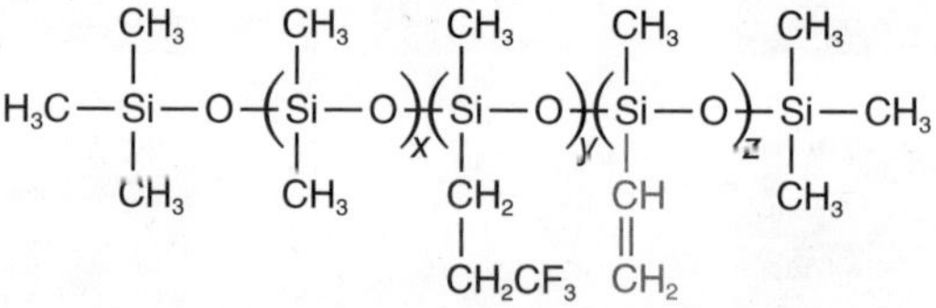

（d）氟硅橡胶

● 图4-32　四种经典硅橡胶化学式

从主链结构来看，线性长链聚硅氧烷中的典型Si—O键长为1.64 Å（$1\ Å = 1 \times 10^{-10}$ m）左右，比大多数C—C键长；Si—O—Si角非常“柔软”，它几乎可以在104°～180°的范围内变化，这些特征使得聚硅氧烷具有低温弹性。Si—O键长比Si原子半径（1.17 Å）和氧原子半径（0.66 Å）之和小，因此这里的Si—O键并不是普通的单键，已部分离子化，具有“部分双键”性质。从电负性的角度看，O与Si之间电负性相差较大，两者之间吸引力强，这使得Si—O键的键能较高。因此，有机硅聚合物具有良好的稳定性。

除了官能团的设计外，手性的调控对有机硅的性质也会产生重要影响。手性是自然界的基本属性之一，大到宏观的天体星云，小到微观世界生命体的氨基酸、蛋白质、糖类、核酸等都是手性的

（图4–33）。手性化合物不能与其镜像重合，具有旋光性。自人类诞生以来，手性物质就已经融入了我们的生命，影响着我们的生活。硅在元素周期表中，位于碳的下方，两者具有一定的相似性。那么，能否用硅替代碳呢？早在1891年，就有科学家提出“硅基生命”的奇妙设想。近年来，硅替代碳的手性药物的研究引起关注，甚至有研究表明部分硅替药物的药效和选择性都有所提升。手性有机硅也可用作手性辅基、试剂、探针和砌块等，其“手性识别”的功能在不对称合成领域已经得到了成功应用。另外，手性有机硅在各种新型传感材料、仿生材料、光电材料、电子器件生产以及生命科学（生物成像）等领域有良好的应用前景（图4–34）。

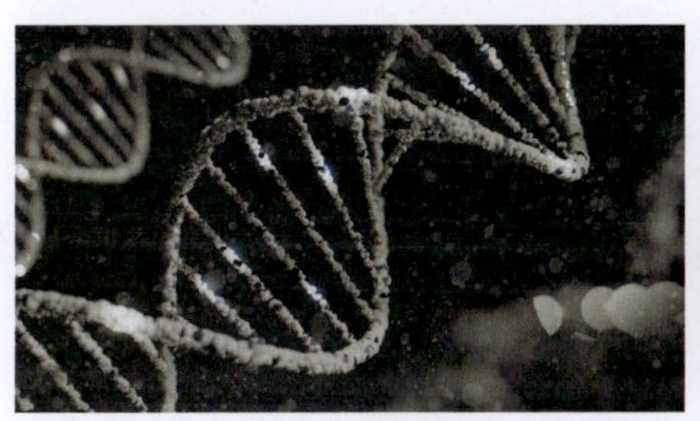

（a）核酸分子　　（b）蜗牛壳

● 图4–33　生命中的手性

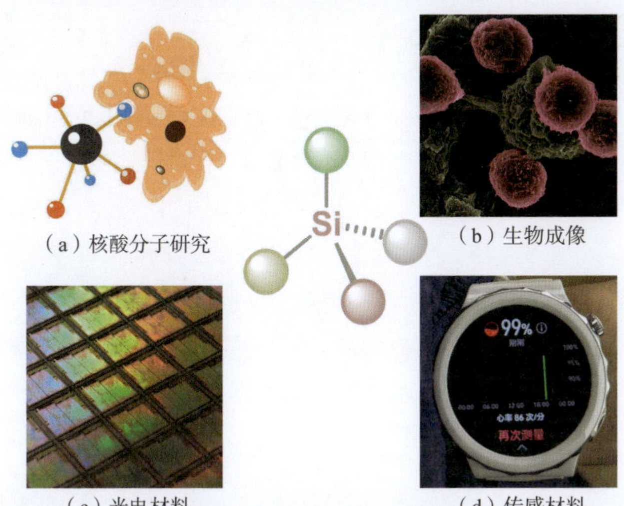

（a）核酸分子研究　　（b）生物成像

（c）光电材料　　（d）传感材料

● 图4–34　手性有机硅的应用

鉴于有机硅化合物的优良性质和广泛的应用价值，科学家们正研究发展高效构建新型硅手性化合物的方法。手性有机硅等手性材料与材料科学、信息科学、生命科学等学科深度交叉结合，并将在认识自然、诠释生命起源、呵护人类健康等方面发挥越来越重要的作用。

作者介绍

陈子豪

南方科技大学化学系硕士研究生。本科毕业于东莞理工学院应用化学专业，随后于华南理工大学环境学院担任科研助理，后考入南方科技大学化学系，导师为何川副教授。

何川

南方科技大学化学系副教授/研究员，博士生导师。国家特聘青年专家、国家优秀青年基金获得者、广东省“珠江人才计划”引进青年拔尖人才、深圳市优秀科技创新人才“杰青项目”获得者。本科、博士毕业于武汉大学；2013—2017年，英国剑桥大学博士后/玛丽·居里研究员；2018年至今，南方科技大学化学系课题组负责人。主要研究方向有手性有机硅化学、手性有机硼化学、电催化杂原子化学、手性有机功能材料。2021年，荣获化学期刊奖（Thieme Chemistry Journals Award）。

地球与环境篇

Earth and Environment

05

什么是海沟、火山和地球深部碳循环

○包锐　褚梦凡

“可上九天揽月，可下五洋捉鳖。”人类对地球的探索从未停止。随着科学技术的发展，我们对地球的了解愈发广泛且深刻。然而，我们对海洋远不如对陆地那样熟悉，尤其对海洋的极深之处，人类仍然知之甚少。

以地球上最深的马里亚纳海沟为例——这条位于太平洋的海沟水深约11 km，是海洋中已知最深的地方，就算将“世界屋脊”珠穆朗玛峰放进马里亚纳海沟，也不足以到达海平面。2012年，著名导演詹姆斯·卡梅隆乘坐“深海挑战者号”潜水艇，抵达了马里亚纳海沟，这是人类首次单人探底该海沟最深处，坐底深度达到了10 898 m。同年，中国的“蛟龙”号也在马里亚纳海沟进行了试潜。此后，“探索一号”科考船、“海斗”号无人潜水器均在马里亚纳海沟展开科学调查。2020年，我国“奋斗者”号载人潜水器在马里亚纳海沟成功坐底，将中国科考的脚步延伸到了海洋最深处。

深渊海沟的魅力何在，以至于让人们锲而不舍地探索呢？深渊海沟有着与上层海洋完全不同的环境。太阳光只能穿透数百米的海水，深渊海沟则是伸手不见五指的黑暗地带。同时，深海的压力极大，对人类来说，万米水深的水压相当于2 000头非洲象踩在身上。高压、低温、无光缺氧的极端环境使深渊海沟发展出独特的生态环境和生物群落，有极大的科学研究价值。

除了温度、压力等物理条件，海沟特殊的地形特征构造了其别具一格的物质循环模式。海沟具有独特的“V”形外貌形态，对进入其中的物质来者不拒，统统保存下来。对碳基生物的生命元素——碳元素来说，海沟既是它在海洋中迁徙的终点，也是它深入岩石圈、脱胎换骨的起点。海水体上层的有机碳以大型生物体、颗粒态、溶解态的形式沉降进入海沟，沿路被微生物分解，留存的部分在海沟底部被埋藏，这是垂向运输路径；此外，板块活动造成的海底地震会使一些海区的沉积物变得松动，向更深的海沟中转移，这一现象叫作“浊流沉积”，是海沟地区特有的横向运输路径[53]。

地震引发的浊流沉积快速、大量地向海沟输入有机碳，它们来不及被分解就被埋藏于深渊中。如，2011年日本大地震为相邻的日本海沟带来了大量沉积物，影响面积达到了3 500 km^2[54]。仅一次地震，就向海底输送了1.73 Tg（17亿kg）的有机碳[55]。这些地震带来的有机碳性质与海沟中原本存在有机碳性质截然不同，是海沟碳循环圈的“入侵者”。放射性碳同位素信号（^{14}C）表明地震带来的有机碳来自邻近陆坡，年龄更老、稳定性更高，更不易被微生物分解，也就更易被埋藏和保存[53]。

参与碳循环的成分不仅包括自然环境中的有机质，也包括人类活动造成的污染物。一些污染物具有很高的毒性，且不易被生物降解、能够被远距离移动，被称为持久性有机污染物，工业化学品、含有机氯的杀虫剂都属于此列。目前，马里亚纳海沟和克马德克海沟中均发现了持久性有机污染物的存在，其在海沟生物体中的浓度甚至高于污染较严重的河流生物[56]。微塑料直径小于5 mm，被称为“海洋中的PM2.5”，容易在食物链中累积并在环境中长期存在。同样，科学家在多个海沟内均发现了微塑料，由于海沟中物质循环连接紧密，几乎没有物种能够幸免[57]。这些发现证明海沟并不能独善其身，它与上层海洋、陆地和大气的生态紧密相连。而浊流沉积能够诱发大规模的物质迁移，是海沟中一个横向“泵”[53]。不管是有机碳还是污染物，都能够通过这个泵被输送到海沟，也从时间和空间的尺度上放大了偶发海底地震对全球碳循环的影响。

火山往往出现在与海沟相邻的区域，这两个“邻居”虽然看上去天差地别，但其实都是板块活动的产物。位于太平洋岛国汤加的海底火山的喷发是2022年初的重大自然灾害事件，强烈的火山爆发夷平了火山岛，引发了M5.8级海底地震[58]。汤加位于著名的环太平洋火山地震带，这里板块活动活跃，是当前世界上最活跃的火山带和地震带之一，全球约80%的地震都发生在这里（图5–1）。随着海洋板块向大陆俯冲，板块中的岩石熔融形成岩浆，岩浆因密度变小而上升到地面，形成火山；同时，俯冲向下的板块受力发生弯曲，向下斜插形成海沟。与汤加火山相距不远的汤加海沟和其南部的克马德克海沟便是这一过程的产物，其中海沟最深达到了10 882 m。

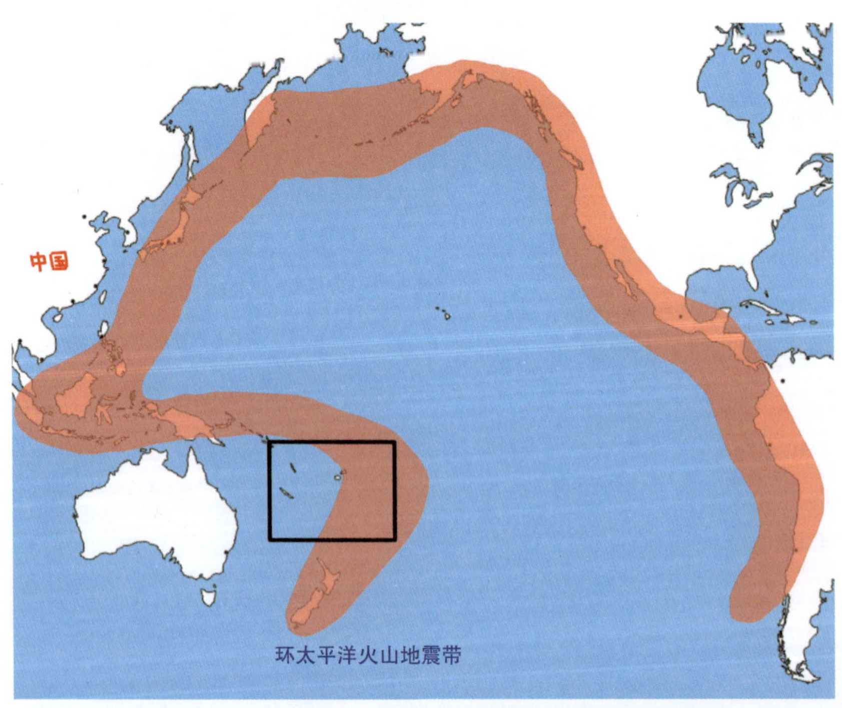

● 图5–1　环太平洋的主要火山地震带，方框位置为汤加

火山喷发、继发的地震、海啸等都是板块俯冲造成的。这些自然现象不仅对人类社会产生了巨大的影响，也在短时间内给自然界带来了深远的改变，而海沟正是这些自然现象发生的热点地区。因此，海沟并不仅仅是地球表面物质循环的终点，更是通向深部岩石圈的大门。地震、海啸等为海沟带来的物质与海沟深渊内原有的物质具有不同的特性和来源，能够影响深渊内部的碳循环。对于地球来说，一次火山喷发、一次海底地震只是漫长碳循环中的惊鸿一瞥；但对于人类来说，自然灾害对文明的冲击却是巨大的。这个神秘又危险的循环圈，正是我们了解地球的重要窗口。海沟连接了地球的表面和内部，是地球能量和物质循环链条不可或缺的一部分。火山喷发、海底俯冲在长时间尺度构成深部碳循环，完成物质从地表—地下—地表的交换和传输。

深部碳循环不仅是科学家关心的问题，也是解决社会和环境问题的潜在方案。对人类来说，它是令人不胜向往的未知领地，更是有待探索的科学秘境。后工业化时代“全球变暖”的争论愈演愈烈，“碳中和”的减排政策成为必由之路。如果海沟能够帮助我们实现碳元素转移封存，是否能够减轻人类造成的气候压力？海沟中的碳循环与地质构造运动、理化环境变化、生物群落演替乃至人类活动密切相关，其中的规律和机制还有待发现和解释。带着探究的心态潜入深渊，我们会发现在一片漆黑之中，存在着充满活力的碳循环之光。

作者介绍

包锐

中国海洋大学教授，获瑞士苏黎世联邦理工学院（ETH Zurich）博士学位，美国哈佛大学博士后。获山东省“杰出青年基金”资助，2019年获瑞典VR Starting Grant，2020年获国家自然科学基金重大研究计划重点项目资助。主攻海洋有机碳循环方向，专长利用碳-14技术研究并结合有机地球化学分析手段，研究海洋有机碳的埋藏与转化控制机理。

褚梦凡

中国海洋大学化学化工学院博士研究生，师从包锐教授。研究方向为海洋有机生物地球化学，主攻海沟深渊碳循环方向。

为什么海底有火山

○杨阳　赵思宇

火山，指地球深部的岩浆在地表喷发形成的锥状、盾状及其他形状的山丘。地球深部的岩浆一经喷发，对气候环境、人类生存都有巨大的影响，会造成许多危害。如，火山爆发常常伴随着地震、海啸，火山喷发时的火山灰会遮挡太阳辐射使得气温变低。历史上“火山冬天”就曾造成了灾难性的饥荒。

虽然火山喷发会带来一系列的危害，但火山喷发也伴随着生命的希望——形成和扩大陆地面积。大家熟知的旅游胜地夏威夷，就是海底火山喷发形成的。事实上，地球上80%以上的火山都是在海平面以下喷发的，也就是海底火山（图5–2）。那么你是否思考过火山是从哪里来的？火山除了带来灾害还有其他的研究价值吗？为什么海底会有火山？

丨 海底火山是怎么形成的?

要知道海底为什么有火山，首先要知道火山是怎么形成的。火山喷发的喷出物最主要的成分就是岩浆。那么岩浆是从哪里来的呢？众所周知地球是一个有类似苹果一样的三层结构的球体：地壳（crust）、地幔（mantle）、地核（core）（图5–3）。地球内部是在不断运动的，地球深部的岩浆会沿着地球内部物质的运动喷出地表，形成火山。也就是说，火山的能量来源于地球深部。

地球深部的能量来自哪里？这要追溯到地球形成的时候了。最初形成的地球将原始物质的热能留存在地球深部，汇聚成地球巨大的能

（a）2009年人类首次拍摄到的海底火山喷发

（b）岩浆入海

（c）夏威夷海岛

（d）冰岛

● 图5-2　海底火山喷发及海岛图片

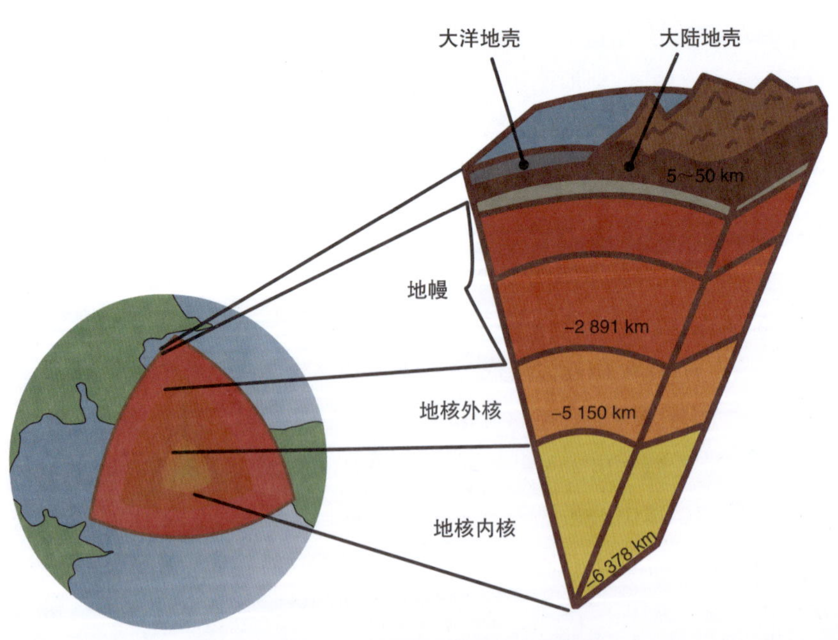

● 图5-3　地球圈层结构示意图

量库，地球深部有大量的放射性物质，这些放射性物质会不断衰变，从而汇聚大量的能量和热量为火山提供能量源，使得火山成为地球深部散热的主要方式。

海底火山之最：起源最深的火山

地心里面有什么？人类对未知的世界充满了好奇，早在19世纪人们就开始思考这个问题，法国科幻作家儒勒·凡尔纳（Jules Gabridl Verne）在其作品《地心游记》中描绘了一位地质学家带着侄子和向导从冰岛的一个火山口前往地心探险，经历了地心海洋上的狂风暴雨、电闪雷鸣，与远古海兽令人心惊胆战的搏斗及穿越炙热恐怖的岩浆海等奇幻的冒险，最后一行人随着火山喷发回到地表的科幻故事。那么人类能否去往地球深部呢？为了探索地心世界，人类尝试过多种方法，钻探就是其中之一。1970年，苏联在科拉半岛附近开展了一项钻探计划——科拉超深钻井，到了1989年钻井深度达到了12 263 m，是目前人类向地球内部打钻最深的纪录，但是这个深度连地球的“苹果皮”（地壳）都没有钻透，更别说是“地心”了。

然而我们没有放弃探索地心的梦想，尽管《地心游记》中地底的见闻只是科幻故事，但书中塑造的通往地心的火山却是真实存在的。有一类海底火山来源于地球极深部，能够记录地心的信息，它就是大洋海岛。

在遥远的大洋中央散落着许多美丽的岛屿，如冰岛、夏威夷海岛、留尼汪等大家熟知的度假胜地（图5-2）。然而我们看到的露出海面的海岛只是它真实体积的冰山一角，当炙热的岩浆从地球深部喷涌而出时，海底火山喷发的岩浆因为被海水冷却，能够降温凝固成岩石。这些岩石经历了长时间的积累，慢慢堆积最终露出海面。不仅如此，即使算上海面以下的体积，这些海岛的体积相对于其地球深部的岩浆量，仍是冰山一角。科学家们研究发现夏威夷海岛的岩浆起源于地幔最底部——地幔和地核的边界处，所以这些海岛是真正的来自“地心”的“游客”，地质学家们可以通过这些来自地心的岩石探索地球深部的奥秘。

然而，这些来源于地球极深部的火山只占海底火山很小的一部分，还有很大一部分的海底火山与地球的演化和大洋地壳的“生死”息息相关。

| 海底火山之最：全球最长的山脉

岩石都是有年龄的，地壳也是有年龄的，大洋地壳和大陆地壳的年龄不相同。地质学家们发现，地球上现有的大洋地壳至今没有发现年龄超过2亿年的。而大陆地壳的年龄，最古老可达35亿年甚至更大（图5–4）。为什么大洋地壳的年龄远远小于大陆地壳呢？这是因为地球是在不断运动的。地球表面的岩石圈（包括地壳和最上部的岩石圈地幔）是由六大板块（图5–4）组成，这些板块在缓慢地移动着。除了太平洋板块完全由大洋岩石圈组成，其他的五大板块都包含大陆和大洋岩石圈，而在漫长的地质历史时期中，随着板块的运动，大洋岩石圈会不断经历“消亡”和“新生”的循环，因此现存的大洋地壳非常“年轻”。也正是大洋岩石圈的“生”与“死”造就了海底和地球上壮观的地质景观——山脉、高原和海底深渊等。

陆地上最长的山脉是安第斯山脉，全长约8 900 km。然而这个长度远远小于海底一条从南极绵延到北极的山脉——大洋中脊的长度。大洋中脊全长约6.5万km，是地球上最长的山脉（图5–4）。这个世界上最长的山脉的形成与大洋岩石圈的“新生”过程密切相关。大洋岩石圈开始生长的地方就是这条山脉的山脊，当地球深部的岩浆沿着大洋中脊涌出时，板块会不断向两侧拉张，源源不断的岩浆喷发到海底，被海水冷却而逐渐凝固成岩石，在经历了漫长的地质演化后，就形成了大洋中脊。

| 海底火山之最：全球地震活动最强的火山带

大洋地壳“生”于大洋中脊，那“亡”在哪里呢？大洋地壳和大陆地壳不仅年龄不同，密度也不一样。大洋地壳的密度大于大陆地壳，所以当大洋地壳和大陆地壳发生碰撞挤压的时候，密度较大的大洋地壳会向密度较小的大陆地壳下方俯冲，而这个过程被称为俯冲过程。大洋地壳自形成之初就浸泡在海水中，其表面像一个海绵吸收了大量的海水，而在向地球深部俯冲的过程中，大洋岩石圈表面的“海绵”也会挤压出水，从而诱发俯冲带位置地幔熔融形成岩浆，喷发形成弧火山。地球以太平洋为界，被划分为东半球和西半球，围绕太平洋一圈有一条全球最大的火山带，这些火山像项链一样环绕太平洋，所以也被称为“环太平洋火山带”（图5-4）。“环太平洋火山带”孕育了全球最活跃的地震带，因其毗邻大陆，所以对人类生存、环境、经济的影响是最显著的。

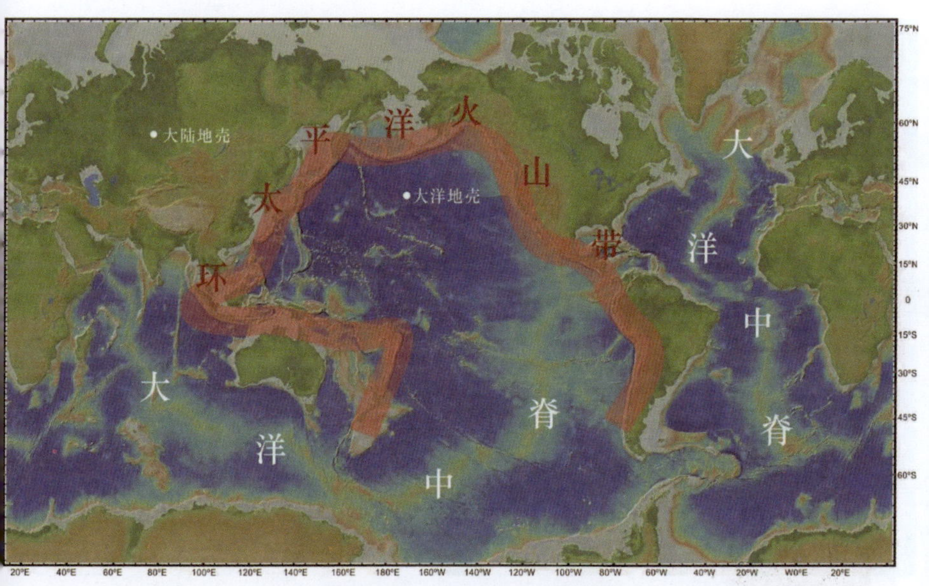

● 图5-4 海底火山分布图

为什么要研究海底火山？火山喷发形成的岩石可以记录地球深部的信息，帮助地质学家们探索地球深部的奥秘。通过研究火山，科学家们认识到“板块构造”和可深达地心的“地幔柱”是维持地球长久活力的两大动力学机制。海底火山不断产生岩浆，在海水的帮助下冷却凝固成岩石，经历了漫长的地质时期，这些堆积的岩石高出水面形成岛屿，扩大了陆地的面积，为人们的生存提供了新的家园。

海底火山还孕育了许多矿产资源，如海底“黑烟囱”，即海底火山附近热液喷口处形成的块状硫化物矿床，含有大量黄铁矿、闪锌矿和黄铜矿等硫化物金属矿物，具有一定的资源潜力。

海底火山还为生命提供了能量来源。近些年来，科学家们在海底火山附近发现了大量的海底热泉生物，这些生物依靠细菌将热液喷口中的硫化物等化学物质转化为能量而生存，这一独特的生态系统为科学家探索生命起源提供了新思路。

由于火山喷发具有一定的危害性，科学家们也在尽可能地研究并预测火山喷发，以期能够在火山喷发的时候减少对人类的生命和财产损害。

火山是地球孕育的巨大宝藏，尽管目前科学家们对海底火山的研究越来越深入，但仍然有无数的奥秘等待我们去探索。地球是一个神奇的星球，孕育出繁衍不息的生命，我们梦想走出地球，探索遥远未知的宇宙，而对于地球内部，人类同样知之甚少，仍然需要不断的探索。

作者介绍

杨阳

中国科学院广州地球化学研究所特任研究员，博士生导师，获国家优秀青年基金资助。主要从事与大洋板块的形成和消亡相关的火山作用研究。2014年和2021年作为无机地球化学家分别参加国际大洋发现计划（IODP）350和395航次在西太平洋和北大西洋的钻探。

赵思宇

哈佛大学博士后，2018年本科毕业于长安大学。2024年博士毕业于中国科学院广州地球化学研究所。研究方向为俯冲带岩浆作用，地球深部挥发分循环过程。以第一作者在*Science Advances*发表一篇学术论文。在云南、四川、贵州、广东多地中小学、高校作科普讲座20余场。

为什么榴梿气味如此独特

○高倩　郭红卫

榴梿（*Durio zibethinus* Rumph. ex Murray）是一种广泛分布于泰国、菲律宾、越南和马来西亚等东南亚地区的木棉科果树，其果实营养丰富，富含氨基酸、糖类和脂类，并以成熟期散发出浓烈的气味而闻名，被誉为“万果之王”。目前，我国常见的榴梿来自马来西亚和泰国，不同地区的榴梿具有不同的风味。其中马来西亚的猫山王（Musang King）味道较为浓郁，果核非常小；泰国的金枕（Monthong）与其他品种相比味道最清淡，较为香甜，适合初尝榴梿者；同样来自泰国的托曼尼（Puang Manee），也叫泰国金腰榴梿，是被认为闻起来的味道和口感最接近马来西亚猫山王的品种，但它的缺点是核比较大。

对于榴梿极具特色的气味，喜欢的人陶醉于其迷人的香气，不喜欢的人又对其避之不及。为什么榴梿的气味如此独特呢？

分析金枕榴梿果肉的挥发性成分后，人们发现其中酯类、含硫化合物、醇类等含量较高，而对榴梿果肉香气贡献较大的便是酯类和含硫化合物。其中，含硫化合物具有强烈、持久且类似洋葱、大蒜、油脂和硫黄等的刺激性气味，这令大部分人难以接受；而酯类一般具有果香，这构成了榴梿果肉中的果香气味。那么榴梿产生特殊味道的分子机理是什么呢？

通过对榴梿进行完整的基因组测序，科学家们解析了榴梿拥有独特气味的分子机理。研究组选取了猫山王榴梿来做基因组分析。测序结果显示，榴梿与棉花、可可的亲缘关系非常接近，但相比于后两种植物，榴梿基因组中拥有更多与挥发性硫化物的生物合成相关的基因拷贝，这种硫化物分子构成了榴梿气味的主要成分。通过选取泰国的金枕榴梿和托曼尼榴梿作为比较转录组研究材料进行基因表达研究，结果显示，相比于这两种榴梿（金枕和托曼尼），猫山王榴梿中硫化物代谢途径和气味相关代谢途径都更活跃（图5–5）。

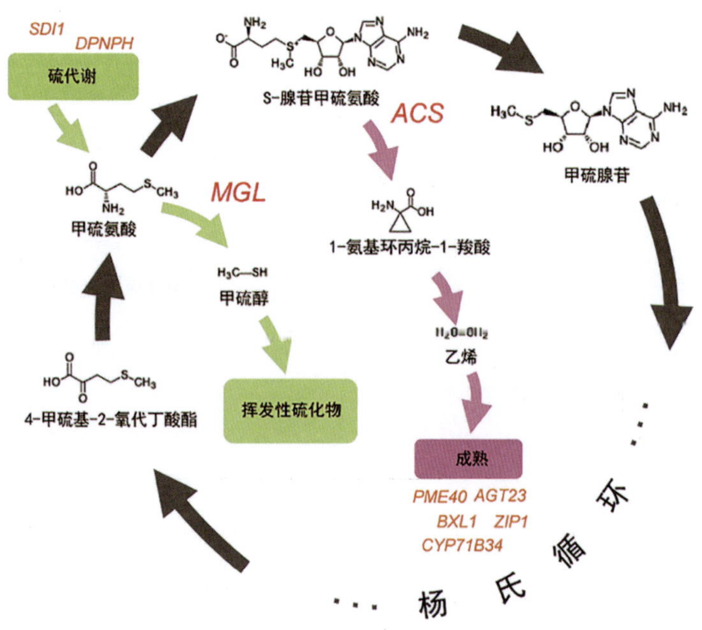

● 图5–5　榴梿中挥发性硫化物产生循环

以上从基因组学解释了榴梿独特气味的来源，那么在进化中为什么榴梿要选择产生或保留这种独特的味道呢？科学家研究发现，小狐蝠（*Pteropus hypomelanus*）是马来西亚热带榴梿的重要授粉者。榴梿果实产生浓烈的特殊气味可能是为了吸引野生环境中特定的生物来为自己传播花粉。榴梿演化出的这种独特、能够远距离传播的气味可以吸引那些在热带雨林中分布密度很低的动物，告诉它们这儿有成熟的水果，让这些动物在取食的同时帮助自己进行传粉。

那么，为什么有人会觉得榴梿香，有人又觉得榴梿臭，以及为什么榴梿吃起来并没有闻起来那么臭呢？

面对浓郁的臭味，大脑却能发出“真香”感叹，这是因为一种叫“后置嗅觉”的奇妙机制。正常情况下，空气从鼻孔吸入，气味分子与分布在鼻腔上部的各种嗅觉感受器结合，产生电信号，上传给大脑，我们便闻出了不同气味，这就是嗅觉；而挥发性物质率先进入口腔，从口腔再进入鼻腔，这样才被嗅觉受体感受到——这种现象被称为“后置嗅觉”。就像世界上没有完全相同的两片叶子一般，不同个体之间的嗅觉感受器也是不完全相同的，人们对气味的接受能力也不同，因此在闻榴梿时，有人觉得臭，有人觉得香。同一种食物，通过“后置嗅觉”传给我们的气味，与从鼻子前方直接闻其产生的气味，可能是完全不同的。也就是说，我们“闻”榴梿时，只是鼻前嗅觉的体验，只能闻到含硫化合物这些挥发性物质的气味，它可能是臭的；而“吃”的时候，成熟榴梿果肉的甜腻裹挟着臭臭的挥发物先经舌头再经鼻子嗅觉感知后传到大脑，我们的大脑接收到香和臭的双重信息后被说服：“榴梿可真香啊！”至此我们感受到的就不再是“臭”，而是“香”了。所以对有些人而言，闻起来臭的榴梿，吃起来却甘甜可口、齿颊留香（图5-6）。

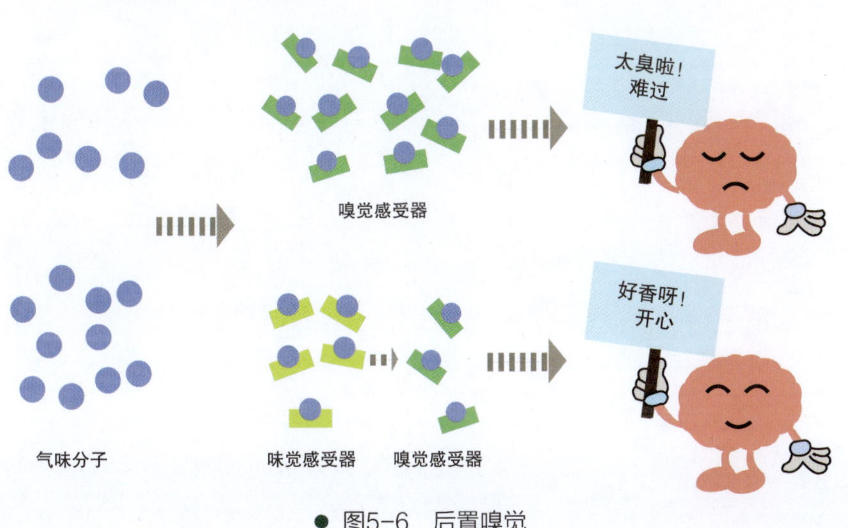

● 图5-6　后置嗅觉

作者介绍

高倩

南方科技大学博士研究生，主要研究方向为植物小RNA生物学，主要包括植物mRNA降解、siRNA生物合成等遗传调控机制。

郭红卫

南方科技大学生命科学学院讲席教授，研究领域包括植物激素乙烯的作用机制、siRNA与基因沉默和植物小分子调节剂的开发应用。

为什么花香会“醉”人

○章玮　温兴　郭红卫

说到花香，你最先想到的是什么呢？是艳红玫瑰的浓郁，还是雏菊的淡雅；是傲梅的清鲜，还是桂花的幽芳。花自古便受到文人雅士的喜爱，而不见花开但闻其香的意境更是令人神往。唐朝诗人李商隐曾在诗中写道：“昨夜西池凉满露，桂花吹断月中香。”人们通过提取花朵精油，将花的香气带进香水中。文艺复兴时期，香水在法国风靡，法国人更是为香水添加了许多的“浪漫”元素。

花香醉人是人们描述芬芳沁人时常用的词语，那么花香真的能“醉”人吗？从花朵香味的主要组成物质的理化性质上说，花香是可以“醉”人的。

花香主要来源于花瓣组织中单萜类物质以及氧化脂肪烃物质的挥发。不同品种的花朵在盛开期组成香味的单萜类物质与氧化脂肪烃物质是不同的，但大多具有类似的结构。在花朵挥发物中，较为常见的单萜类物质如香茅醇和香叶醇，氧化脂肪烃物质如苯乙醇和α-异紫罗兰酮，它们在不同花香中所占比例不同。花香中其余的芳香物质也大多因为在合成的途径中需要利用上述物质作为前提或者利用部分的基础合成通路而具有了类似的化学结构。这些物质在理化性质上往往具有麻醉、镇痛、舒缓肌肉等作用。以在丁香花苞中含量超过80%的丁香酚为例，在28 ℃水温中加入20 mg/L的丁香酚就可在3 min内对斑马鱼完成麻醉。因此在生产应用中，丁香酚作为一种水产“麻醉”剂，在海产品运输中被用来对鱼进行麻醉，从而降低运输过程中的损耗。除此之外，丁香酚还表现出了很高的抑菌和抗炎症的作用。在口腔医学的临床应用中，丁香酚作为具备安抚镇痛作用的牙床消毒剂使用。所以从花香的组成物质来看，花香是可以“醉”人的。

当然，这些芳香物质都需要达到一个相当高的剂量才能出现明显的麻醉效果。现实生活中鲜花开放所散发的物质被空气稀释后完全达不到麻醉的效果。而人闻到花香感到的“醉”意，更多的是因为嗅觉欺骗了我们。

人的嗅觉可以分为初级嗅觉和次级嗅觉。初级嗅觉是嗅球组织中的神经细胞接收来自人鼻腔后部的嗅细胞捕获气味分子产生的神经冲动。这些信号会被传输到人大脑中与嗅觉关系紧密的边缘系统中。大脑的边缘系统由皮质部、皮质下部及其间的纤维系组成，包含了杏仁核、海马体等多个脑内器官。边缘系统被证实与动物本能行为、情绪和记忆有关。当嗅球组织捕获初级嗅觉后，会在边缘系统中对收集到的信号进行加工处理，其中掌管情绪的杏仁核会赋予气味分子以“激动”或“愉悦”或“厌恶”的情绪标签，而海马体则将初级嗅觉冲动与记忆联系，让人能识别气味，并将气味的感知与记忆经验重叠（图5-7）。因此我们才能在即便只闻到桂花香味的时候就感知到桂花满树的样子；闻到玫瑰花香时，能通过浓郁的芬芳联想到浪漫的婚礼等场景。因为人的嗅觉系统的复杂加工，我们在闻到花香的时候会产生愉悦欢快的情绪，同时与个人经验中曾经的美好回忆相互重叠，最后产生一种主观层面的“醉”意。

综上所述，花香之所以能“醉”人，可以从主、客观两个方面进行解释。客观上花香中的芳香物质确实具有麻醉效果，而主观上人嗅觉系统对花香的复杂加工让我们将美好的事物与花香联系起来。主、客观两大因素的相互影响导致我们闻到花香，产生“醉”意。

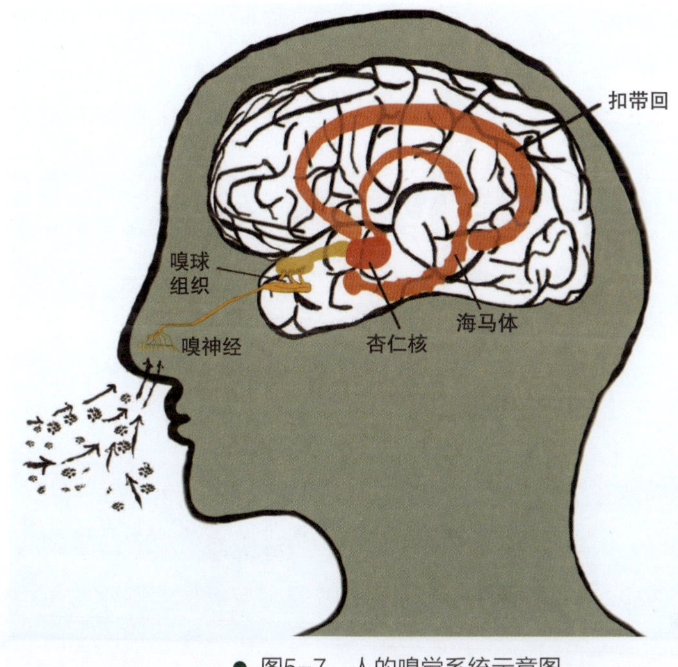

● 图5-7 人的嗅觉系统示意图

作者介绍

章玮

南方科技大学博士研究生，主要研究方向为植物挥发物的功能，主要包括异种植物间由挥发物介导的植物内在激素信号响应、植物天然挥发物引起的植物生理状态变化、植物天然挥发物在农业中的商业转化应用等。

温兴

博士，南方科技大学植物与食品研究所工程师，高级研究学者。主要从事植物激素分子与生化调控、沉香结香机理等方向研究。

为什么根总在地下生长

○彭滔　郭红卫

植物作为地球上的一类生物形式，能够通过光合作用，利用CO_2与水制造淀粉，为自身的发育提供营养，是重要的生产者。植物所需的水分与矿物质大部分都是通过根系吸收的。植物是一种固着生物，植物的根系深入土壤中，能够帮助植物固定、吸收营养物质，因此我们平常很少能够直接看到植物的根系。为什么植物的根系总是朝下生长的呢？

为了应对环境中的刺激，植物发展出了许多应对各种环境因素的机制，其中很重要的一类就称为向性。向性指的是植物器官能够感受外界因子刺激从而发生定向运动的特性。植物的根系具有的向性主要是向重力性、向水性。植物根系的向重力性表现为朝重力方向生长；植物根系的向水性表现为朝水分充足的方向生长。

植物主要是通过调节生长素的不对称分布，使根朝特定的方向生长。生长素是植物激素中重要的一员。与其他激素不同的是，生长素在植物体内具有极性运输的特点，能够以定向方式从一个细胞运输到另一个细胞。特定的生长素流入和流出载体介导参与这种特别的转运方式。生长素浓度的精细调控决定了所处位置细胞的伸长状态。

在影响根的向性生长方面，重力发挥了重要作用。重力对于地球上所有物体都发挥着作用，其方向指向地心。由于重力是一种物理刺激，因此细胞内的较重物体是有关方向变化信息的理想受体。早在

1974年，就有实验证据表明，根冠对于根的向重力性十分重要。当移除玉米和小麦的根冠而不损伤根其他区域时，根失去了向重力性响应；而当根冠重新生长出来时，植物的向重力性又恢复了。在植物根尖中，存在一类能够感受重力的小柱细胞。在小柱细胞中存在高度积累淀粉的质体，这种质体被称为淀粉体（图5-8）。淀粉体被认为在重力感受中起着至关重要的作用。根小柱细胞中的淀粉体内包裹着大量淀粉体颗粒，密度较大，能够在细胞内沿重力方向沉积。

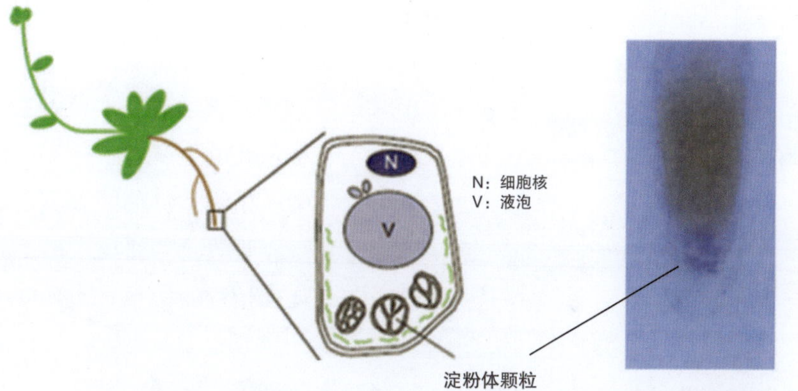

（a）根中淀粉体示意图　（b）拟南芥幼苗根中的淀粉体颗粒（碘化钾染色）

● 图5-8　植物根中的淀粉体颗粒

淀粉体沉降是植物感受重力刺激过程中的重要事件。事实上，这种沉降会触发细胞内信号转导，从而改变细胞中生长素的极性运输方向，调节根的生长方向。那植物如何通过这一沉降事件，将物理信号转变为体内的生理信号呢？已有研究表明，淀粉体和内质网膜或定位于内质网膜上的蛋白质之间的相互作用可能参与重力感知。重力在被感知以后，会从根冠产生一个信号，传递到分生区中，使得根的下侧和上侧之间存在明显的生长素差异积累，最终导致根的向下生长。

除了重力以外，水分分布也会对植物根系的生长产生影响。土壤中的水分会因土壤深度的不同和降水量的不同而分布不均，产生水势梯度。植物根系会受到环境中的水势梯度的影响，进而改变其生长方向，即向水性生长。早在1887年，植物学家让豌豆种子在木屑表面萌发，当豌豆的根因向地性生长至木屑边缘时，却因向水性会沿木屑边缘生长而不会进入干燥的空气中。1985年，研究人员发现，在豌豆中存在突变体材料，其根完全失去了向重力性，因此部分根会向上生长出土壤。在一个湿度可控的盒中培养该突变体幼苗时，当空气的相对湿度较高时，突变体的根会向着湿润的空气中继续生长；当空气相对湿度降低时，原来向上生长的根会迅速向下弯曲生长直至进入比空气湿润的土壤里。这也是首次通过实验证明向水性的存在。由此可见，土壤中的水分分布对于根的向地生长同样重要。

综合以上因素可知，植物的根系总在地下生长。

作者介绍

彭滔

南方科技大学生命科学学院博士研究生，主要研究方向为拟南芥幼苗早期发育过程及幼苗暗转光过程的机制。

为什么绿色的花比较少见

○侯艳明　郭红卫

自古文人雅士都不乏对花的赞美。“山桃红花满上头，蜀江春水拍山流”写出了春日桃花红满山头，争奇斗艳；“暗淡轻黄体性柔，情疏迹远只香留”咏出了秋季桂花的浅黄而清幽，性情超凡而脱俗；而“梅须逊雪三分白，雪却输梅一段香”又诵出了冬季梅花虽不如雪的洁白，但有胜雪的清香。我们感叹古人文笔精妙的同时，是否又会产生疑惑，为什么花有红色、黄色和白色，而绿色的花在生活中却很少见到？

亿万年前，地球已经被被子植物所主宰，高大的被子植物可以为动物提供充足的食物和避难所。春天来了，被子植物开始开花。由于基因的多样性，那时被子植物的花包含了各种颜色，有红色、黄色、白色，当然也有绿色。美丽的花朵释放出芳香，吸引传粉动物前来取食花蜜。开红色、黄色、白色花的植物由于颜色醒目，成功吸引了大批的传粉动物，使得这些植物可以更好地繁衍；而开绿色花的植物因其颜色与树叶的颜色太过相近，并不能吸引动物前来授粉，因此开绿色花的植物并不能很好地繁衍生存。经过数亿万年的环境筛选，物竞天择，最终开绿色花的植物逐渐减少。因此，我们生活中很难看到绿色的花，这是达尔文进化论的结果。

其实花朵的颜色主要是由色素决定。如有的植物含有较高的类胡萝卜素，这种植物常呈现黄色。含有较高花青苷类的植物常呈现深红色或深蓝色，含有较低含量花青苷类的植物的花朵常呈现粉红色。此外，植物花朵的颜色还受pH的调控。如花青苷在pH小于7的酸性条件下呈红色，pH越低，花朵的红色越深；pH大于7的条件下呈现蓝色，pH越高，花朵蓝色越深；中性条件下呈现紫色。而花的绿色主要由叶绿素的含量决定，花瓣中叶绿素含量高的植物，花朵绿色越深。

虽然我们在生活中很难看到开绿色的花，但其实很多植物的花是绿色的，只是这些花多是通过人工选育而来，如绣球花。绣球花的花序形似绣球，是绣球属的植物，该植物清新淡雅，深受大众的喜爱。此外，我国自古有种绿菊的传统。绿色菊花身姿曼妙，色鲜雅，与菊之高洁无比契合。秋季的绿菊更多的是寄托了游子的思乡情结以及表达对故人的思念之情。还有部分果树开的花也为绿色，如蒲桃树聚伞花序顶生，颜色为淡绿色，盛开时花瓣散开，非常美丽（图5–9）。

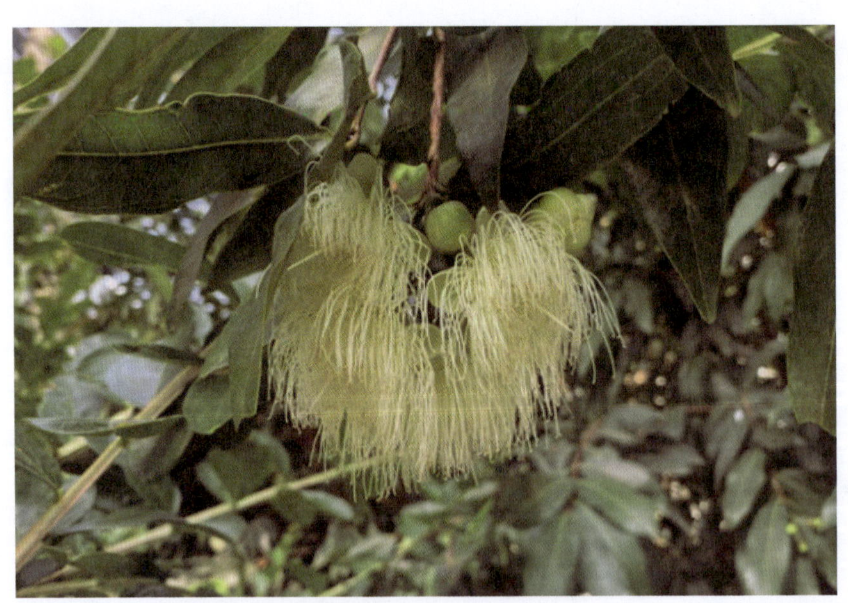

● 图5–9　南方科技大学校园内盛开的蒲桃树花

随着生物技术的高速发展，现在科学家开始通过分子遗传育种的方法获得开绿色花的植物。如华中农业大学团队通过构建菊花绿色花朵的分离群体，以探究花色性状的杂种优势和遗传特征，筛选影响绿色花朵的关键基因；金诗媛等人通过对不同品系的菊花进行杂交实验，发现绿菊品种“绿意”和“玛丽”杂交后代中绿色菊花占15.8%，据此选育出一系列绿色菊花新品种。

此外，基因编辑技术的发展也为培育开绿色花的植物提供了新思路。不同色素之间存在竞争性，当花朵中花青素的含量减少，叶绿素的颜色就更能呈现出来。有研究证明*CmMYB6*、*CmbHLH24*、*CmCOP1*等基因都是诱导花青素积累的关键基因，通过基因编辑对这些基因进行敲除，可有效减少花青素的含量，从而使花朵由“红”变“绿”；此外，通过转基因技术，让叶绿素调控基因过量表达同样可以获得开绿色花朵的植物，比如*SUL*等基因是叶绿素合成正向调控基因，通过转基因的方法可以加强植物花朵中叶绿素相关基因的表达，从而提高叶绿素的含量。

在生活中我们很难看到绿色的植物，因为这些植物被自然选择淘汰了，但是随着科学技术的进步，我们可以利用先进的生物技术重新获得开绿色花的植物。

作者介绍

侯艳明

南方科技大学博士研究生，主要研究方向为植物中小非编码RNA的转运调控等。

为什么竹子开花就会死

○骆文滔　郭红卫

早在《山海经》中便有记载："竹生花，其年便枯"。到了晋代，戴凯所著的《竹谱》中对竹子开花有了更进一步的认识，认为竹子六十年会换一次根，换根就会开花结实，开始新的世代过程。到了宋元两朝时期，有记载称"竹有花辄槁死，花结实如稗，谓之竹米"。

竹，似木非木，似草非草。然而，竹子却与水稻、小麦等同属禾本科植物。竹子种类繁多，全世界共有88个属，1 642个种。竹子有着与众不同生长特性，小麦、玉米等禾本科植物往往是一年生或多年生，开完花就会死亡，而竹子则大多寿命长达数十年甚至上百年，其间通过地下的竹鞭和竹蔸等营养器官进行无性繁殖。有趣的是，不同的竹种开花周期往往是固定的，而且同一片竹林，不同年份出土的竹子会在同一时间开花结实，随后成片死亡，颇有"株连"的架势。绝大多数竹子在其整个生命周期中只开一次花后便会死亡，最后以种子的形式繁衍后代（图5-10）。那么，竹子开花后为什么会死亡呢?

竹子开花周期很长，自然开花现象罕见，目前关于竹子开花的研究也相对较少。但结合目前的研究进展，竹子在开花前、开花中及开花后，一系列生理生化指标都会出现显著变化。针对我国秦岭地区大熊猫主食——巴山木竹的研究表明，巴山木竹从营养生长阶段向生殖生长阶段转化时，其叶片氮含量下降10%，而氮素是叶绿素的重要组分，因而叶绿素含量也表现出了明显的下降趋势，导致竹子光合效率降低，影响糖代谢，糖类物质种类与含量发生变化，进一步影响竹子的开花和衰老过程。关于叶绿素含量降低的原因则有多种解释，包括叶绿素合成减少，叶绿素被降解的速度加快，以及大龄竹鞭的增加使营养吸收能力减弱，导致竹子养分缺乏等。此外，有报道称开花竹根系中氮、磷、钾含量明显降低。还有研究称竹子生殖生长阶段根际土壤中苯酚、苯乙烯、苯氨基丙烯等有毒物质含量远高于营养生长阶段。

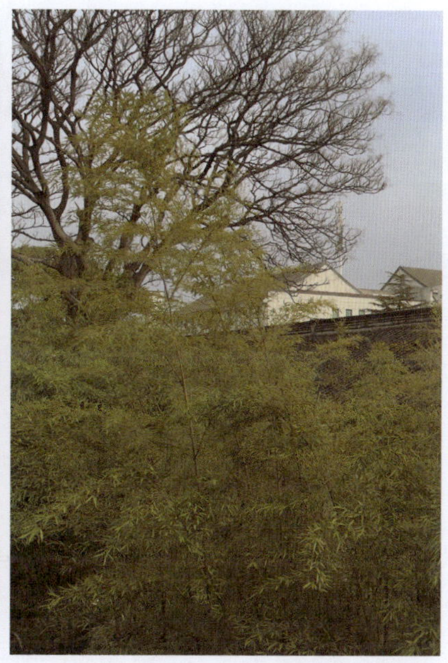

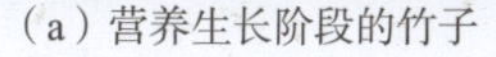

（a）营养生长阶段的竹子　　（b）开花前的竹子

● 图5-10　竹子的形态

值得注意的是，对所有生物而言，生殖活动都是一项极其耗能的生命过程。竹子也不例外，研究表明，竹子在即将开花前，叶片平均重量较营养生长阶段降低80%，平均叶重/枝重比降低90%。竹子开花后结的果实即为竹实（亦称竹米），不同种属的竹子，其竹实大小不一，尤其以梨竹果实最为硕大，形似梨果，而竹米落入土中可萌发长成新的竹苗。竹米亦可食用，《惠子相梁》记载鹓鶵“非练实（竹实）不食”。大量古籍也有关于竹实的记载，《晋书》称竹花为紫色，竹实似小麦，内含白色米粒。宋代的《太平广记》记载了唐天复四年，陇西发生饥荒，骨肉相食，恰好这年山中竹子尽皆开花结米，供饥民食用。竹生花结的果实亦是一味难得的良药，《神农本草经》称竹实的作用为“通神明，轻身益气”。此外，在20世纪三年困难时期，浙江也出现了竹林大面积开花结实的现象，大大缓解了当地粮食不足的问题。综上，竹不仅生花过程要消耗大量能量，所结的竹实也要储存大量营养物质，可见竹子为了一生一次的繁殖过程近乎耗尽了自身的营养物质，从而导致了开花后的大面积死亡现象。

此外，竹子的开花周期有趣而又神秘。如，产于广西、云南的牡竹和版纳甜龙竹开花周期为30年左右；产于两广、川贵地区的簕竹属有的种类开花周期为80年左右；广泛分布于黄河流域和长江以南地区的桂竹开花周期为120年。此外，还有少数例外的竹种，如无规律性开花的唐竹、慈竹等；也有一年一生花的线痕簕竹；还有似乎从未开花的斜秆沙罗竹、耳垂竹、鸡窦簕竹等，目前尚不清楚这些现象背后的具体机制。

作者介绍

骆文滔

南方科技大学硕士研究生，研究方向为转录后基因沉默（PTGS），主要包括siRNA的产生机制、遗传分析鉴定PTGS途径相关蛋白的功能，以及植物抵御外来核酸入侵的防御机制。

为什么树叶会脱落

○孙瑞雪　郭红卫

提到秋季，或许你会联想到萧瑟的秋风、零落的树叶；而提到落叶，你可能会联想到“无边落木萧萧下”的诗句，所谓“一叶落而知天下秋”，落叶似乎成了秋季的代名词。

在日常生活中，落叶几乎随处可见。每当秋季来临，气温逐渐降低，许多树的叶子就会慢慢地变成黄色、橙色或者红色，随着瑟瑟的秋风悄然飘落，只留下光秃秃的树枝和树干。然而并不是所有树的叶子都在秋天掉落。有一些树的叶子又细又长，像细针一样，人们称之为针叶树，如我们生活中常见的松树和柏树，这些树的叶子不是在秋天脱落，而是在长出新叶以后，其老叶子才逐渐枯落，因其常年呈绿色，因此又被称为常青树。常青树生命力十分顽强、不畏严寒，但即便如此，在严寒时它们也是尽可能地避免过度消耗，以保存实力，待到环境适宜，其体内的新陈代谢方会活跃起来，同时老旧的叶片开始衰老、死亡，新叶则后来居上，从而上演一场更新迭代的大戏。

那么树叶为什么会脱落呢？一方面，秋天的来临意味着气温会逐渐降低，再加上水分供应不足等一些环境变化，导致树叶易于枯落。另一方面，树木需要保存一定的营养及能量以度过寒冷的季节，为了调节机体代谢的平衡，许多树木选择脱掉自己的叶子以减少对营养及能量的消耗，等到条件适宜的时候再长出新叶。当树木感受到气候的变化后，树叶与树枝之间的细胞就会开启快速分裂的进程，从而在树干和树叶的连接处形成一个分离层，慢慢地切断树叶吸收养分的途径，而树叶由于得不到营养便会枯萎掉落。

此外，植物学家们经过研究发现，植物体内存在多种植物激素，它们与植物的生理活动密切相关。由于秋季日照时间相对变短，气温降低，这对植物的生长非常不利，在这种情况下，植物自身合成生长素的能力降低，刺激植物衰老的激素乙烯生成，进而在分离层中产生大量果胶酶和纤维素酶，促进了叶片脱落。这些乙烯气体也能够促进附近叶片的脱落，最终造成大面积的叶片衰老和脱落（图5-11）。

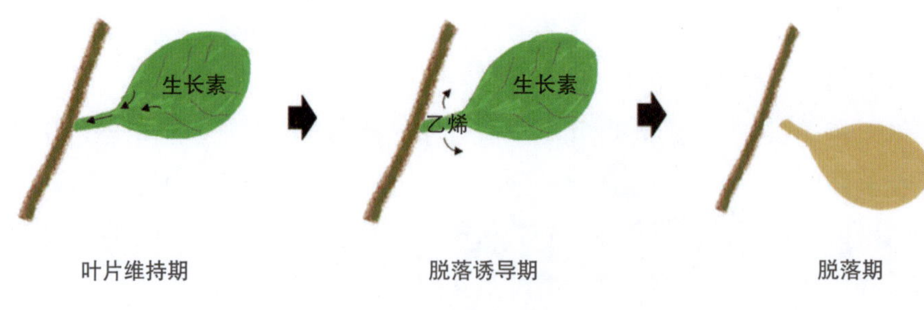

● 图5-11　叶片脱落的三个阶段

总而言之，树木落叶是内外因共同作用的结果。一方面，当树木的叶片经过一定时期的生理活动以后，细胞内就会积累大量的代谢产物，进而引起叶片细胞功能的衰退及衰老，最终死亡、脱落，这是树叶脱落的内因；另一方面，气候寒冷、水分供应不足等不利的外部因素也会造成树叶的干枯、脱落。因此，树木落叶，既是树木的一种正常生理现象，也是树木对低温、干旱等气候条件的一种适应。

“落红不是无情物，化作春泥更护花”，落叶以无私、潇洒的姿态离母体而去，毅然投入大地的怀抱，成全了树木保存生机的愿望，也用自己的离去换取新叶的闪亮登场，因此落叶不是生命的结束，而是新生命的开始！

作者介绍

孙瑞雪

南方科技大学硕士研究生，主要研究方向为植物特异的RNA通路在动物细胞中的重构。

植物有记忆吗

○雷宇鹏　温兴　郭红卫

放学回到家，小狗看到你会欣喜地摇着尾巴，虽然一段时间没有见面，但是它记得主人的样子。考场上，我们回忆起课堂学过的知识，开动脑筋，解答出一道道难题。那么植物没有大脑，也会有记忆吗？其实，植物也拥有各种各样的记忆机制。

我们知道，捕蝇草是一种食虫植物，在自然界中可以诱捕昆虫或其他小动物并将其消化用来补充自身养分（图5-12）。捕蝇草具有一种防止无效触发的机制：一次单独的触碰会激发捕蝇草的电信号，但捕蝇草并不会立刻对刺激做出反应；在15～20 s内，当刚毛被碰到

● 图5-12　捕蝇草

第二次后，捕蝇草才会立即行动，瞬间关上捕虫夹。在受到外界刺激时，捕蝇草叶片细胞内钙离子浓度会升高，只有细胞内钙离子浓度达到阈值时，捕蝇草才会关闭捕虫夹，这与我们人类神经元的信息传递机制极为类似。只有在刺激超过两次时捕虫夹才会发生闭合，可见，捕蝇草是有短时记忆的。

含羞草在最初受到外界某些刺激时，会发生小叶闭合和叶柄下垂的现象。但如果我们不断给予它同样的刺激，含羞草就不会产生应答。有科学家做过这样一个实验：用设计的装置规律地向含羞草叶片上滴水研究植物的记忆。结果发现，最初受到刺激时，含羞草叶片会闭合，后来会逐渐忽视这种周期性且无害的刺激，这个记忆甚至可以保留长达1个月的时间。这种忽视不是由于疲劳，而是一种主动的学习过程，含羞草依然对受到新的刺激有反应。

许多越冬植物，如冬小麦、郁金香、拟南芥等，须经历冬季持续的低温才能在春季开花，这种现象叫作春化，即植物必须经历一段时间的持续低温后才能由营养生长阶段转入生殖生长阶段。以模式生物拟南芥为例，冬季低温使得*FLC*基因表达处于沉默状态，且在春季回暖后*FLC*基因沉默仍被维持，形成春化记忆，从而使得拟南芥在春季气温上升后依然记着其冬季低温经历，避免在寒冷的冬季开花，而在适宜的季节里开花结实。在开花后的胚胎发育时期，*FLC*基因的沉默将被重置，以此确保每一代都需要进行春化处理才能开花。这种沉默和重置多属于表观遗传学调控，如DNA甲基化、RNA干扰、组蛋白修饰等。

作者介绍

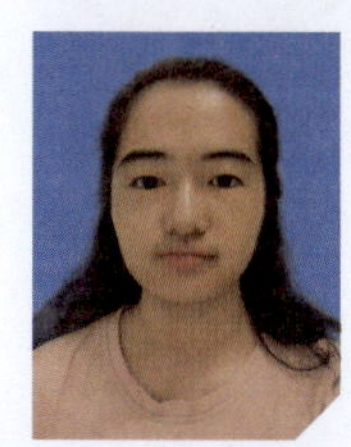

雷宇鹏

南方科技大学硕士研究生。主要研究方向为植物激素信号转导和植物生长发育机制、小分子化合物的筛选及其作用机制等。

向大气排放的CO_2都去哪了

○黄筱雯　曾振中

CO_2是一种我们在讨论“气候变化”“全球变暖”“温室效应”等问题时最常提及的气体。在解释全球变暖时，我们常说：“自工业革命以来，人类活动导致的CO_2排放不断增强，大气中CO_2浓度不断上升，使得全球地表温度快速升高。”那么，我们是如何排放出CO_2，这些CO_2又都去了哪里呢？我们排放出来的CO_2是全部留在大气中了吗？

要想回答CO_2去哪了，我们首先要知道它们从哪儿来。碳在大气中主要以CO_2的形式存在，而在其他地方，它们会以不同的形式存在，如无机碳酸盐、有机化合物等。地球上的碳不会无缘无故增加，也不会无缘无故减少。如果把地球比作一个大仓库，整个地球上的碳就像货物一样不停地在大仓库中的各个小仓库之间移动，而这些存储了碳的小仓库，叫作“碳库”。地球上最主要的几个大碳库分别是大气碳库、海洋碳库、岩石圈碳库以及陆地生态系统碳库。我们目前向大气排放的CO_2主要来自岩石圈碳库和陆地生态系统碳库。一方面，我们从岩石圈中开采化石燃料燃烧释放出大量CO_2；另一方面，我们通过改变陆地上的土地覆盖类型（如通过砍伐树木使森林变为裸地），将原本储存在树木和土壤有机质中的碳释放到大气中。这些往大气中释放CO_2的过程，被称作“碳排放”。最新评估报告显示，2010—2019年，人类平均每年向大气排放400亿t CO_2，其中化石燃料燃烧造成的排放占比达到86%[59]。

地球各个圈层处于动态平衡的状态，既有源源不断释放碳到大气中的“碳排放”，也有从大气中不断吸收碳的“碳吸收”，当一个区域的碳排放大于（小于）碳吸收时，该区域被视为“碳源”（“碳汇”），因此，并不是我们排放到大气中的所有碳都留在了大气中（图5-13）。据1959—2019年的研究数据，每年由人类活动排放出来的CO_2约有44%会留存在大气中，这使得大气中的CO_2浓度以平均每年约2.81 mg/m^{3}的速度不断上升，而其余的部分则转移到了海洋碳库以及陆地生态系统碳库中。据2010—2019年的研究数据，海洋和陆地吸收碳的能力有所下降，留存在大气中的CO_2为46%，海洋吸收了23%的碳，另外31%的碳则进入陆地生态系统碳库中[59]。

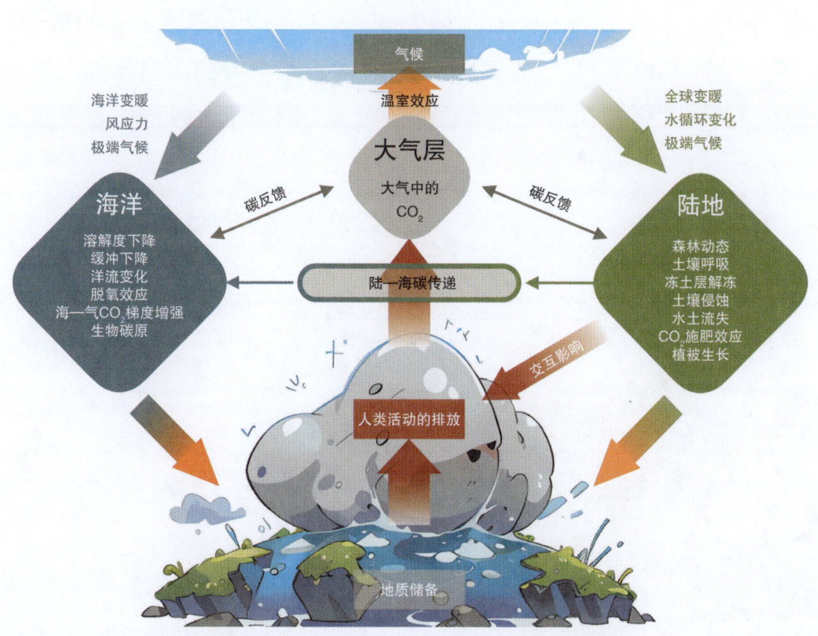

● 图5-13　地球上影响CO_2浓度变化的关键部分及过程

那么，海洋和陆地是以什么样的方式吸收大气中的CO_2，全球变暖又会对它们有什么影响呢?

大气中的CO_2主要通过物理、化学过程进入海洋。物理上，海洋能否吸收大气中的CO_2主要由大气和海水CO_2分压（pCO_2）决定。CO_2会从高压向低压扩散，因此在大气pCO_2大于海水pCO_2的区域，海洋可以成为碳汇，而在海水pCO_2大于大气pCO_2的区域，海洋则会成为碳源。CO_2也会通过浮游植物的光合作用被吸收。这些进入表层海水的无机碳会经过海洋生物的一系列转化成为有机碳和碳酸钙，并由海水表层向深层迁移，这个过程叫作海洋生物碳泵，它就像一个打气筒持续不断把碳从海洋表面“打入”深层储存起来（图5-14）。整个海洋碳循环还会受到海洋洋流、海水分层等因素的影响。随着全球变暖的加剧，大气中CO_2浓度增加，大气pCO_2增大，会有更多的CO_2进入海水中，溶解形成碳酸，碳酸进而分解为氢离子和碳酸氢根。但是氢离子的不断增加会降低海水的pH，造成海洋酸化，进而降低海水对碳酸盐的缓冲能力，即海水pCO_2会更容易发生变化，未来海水吸收CO_2的能力会不断降低[60]。同时，海水温度不断上升使得海水热稳定性增加，碳更不容易往深层迁移，导致海水中O_2以及CO_2溶解度降低。

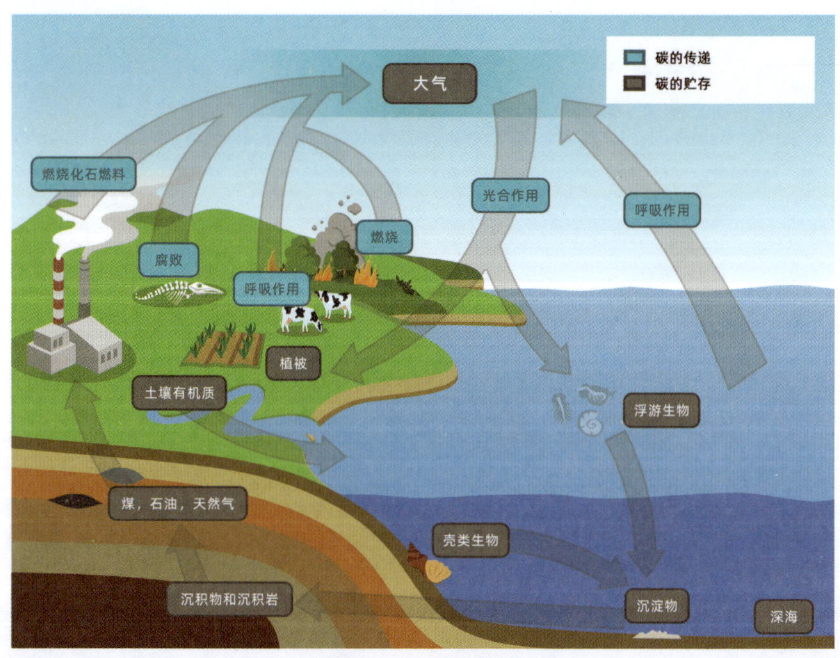

● 图5-14　碳循环过程

pH和O_2浓度的变化都会对海洋生物的生存造成影响，促进或抑制不同种类生物的生长，间接改变海洋生物碳泵。例如，海洋酸化会促进一种有毒的微藻生长，而这会抑制微型及中型浮游动物的种群发展，从而导致它们产生的有机质减少，影响碳的流动[61]。此外，海洋温度的改变也造成了全球海洋环流的变化，这些都可能削弱海洋吸收CO_2的能力。

陆地生态系统碳库吸收碳的一大关键在于植被，其中森林生态系统发挥了重要作用。植被通过光合作用将CO_2转换为有机碳固定并成为树木根茎叶的一部分；陆地生态系统中所有植物光合作用产生的总碳固定速率为总初级生产力（GPP），大约每年1 200亿t碳。此外，植物还需要通过呼吸过程将有机物质分解为无机物和能量，该过程为自养呼吸，大概释放了植被光合作用合成的50%的CO_2，因此植被每年的净初级生产力（NPP）约为600亿t碳。这些生物量中的很大部分以凋落物的形式进入土壤成为土壤有机质，在土壤中的真菌、细菌和其他微生物作用下向大气释放CO_2，该过程称为异养呼吸，每年向大气排放约500亿t碳。在没有其他因素干扰的情况下，陆地生态系统中光合作用所固定的总碳减去呼吸作用所消耗的总碳为该生态系统的净生态系统生产力（NEP），每年约为100亿t碳。陆地上的火灾、作物收割、养分（如氮、磷等）变化、水文过程（河流输移）等扰动过程会进一步对陆地生态系统碳库产生影响[62]。当全球变暖，大气中CO_2浓度上升时，植物的光合作用会增强，生产力也会提高，这被称为大气CO_2的“施肥效应”。近年来，不断有学者发现地球正在“变绿”，这一现象在北极圈以及农业种植和植树造林区域十分显著，其中就有全球变暖以及CO_2施肥效应的功劳，而地球变绿反过来又通过生物地球化学反馈和生物地球物理反馈减缓了全球变暖的速度[63]。但是，温度的上升使得土壤呼吸作用加剧，也使得寒冷地区的冻土融化。冻土中存储几千年来沉积的有机碳，高达12 000亿t[60]，冻土的融化会令这些有机碳更容易被分解，导致越来越多的碳进入大气，加速升温。

全球变暖使得现在越来越多的极端天气事件发生，如突如其来的特大暴雨、持续不断的高温天气、连绵不断的森林火灾等。我们的一举一动都在影响着地球碳循环，碳循环造成的气候变化也在潜移默化地改变着我们的生活。未来CO_2将去向何方？森林是否还会是碳汇主力军？我们能在这个过程中做些什么？这些问题仍等待着更多的人去研究解答。

作者介绍

黄筱雯

南方科技大学环境科学与工程学院硕士研究生，导师为曾振中教授。2022年本科毕业于南方科技大学环境与工程学院。主要研究方向为城市化与降雨、植被气候反馈等。

曾振中

南方科技大学环境科学与工程学院教授，教育部长江学者特聘教授（“地球系统科学”岗位），于北京大学获博士学位，普林斯顿大学博士后。致力于地球系统过程与全球变化研究，带领团队在陆气相互作用、能源转型中的关键地学问题两个方向开展研究，已发表国际学术论文150余篇，被引用14 000余次。2019—2023年连续4年入选爱思唯尔全球高被引学者榜单，并入选美国斯坦福大学2022年度全球前2%顶尖科学家榜单。

参考文献

[1] STEPANEK J, BLUE R S, PARAZYNSKI S. Space medicine in the era of civilian spaceflight [J]. The New England Journal of Medicine, 2019, 380 (11): 1053-1060.

[2] TAKAHASHI K, YAMANAKA S. Induction of pluripotent stem cells from mouse embryonic and adult fibroblast cultures by defined factors [J]. Cell, 2006, 126 (4): 663-676.

[3] HUANG P, RUSSELL A L, LEFAVOR R, et al. Feasibility, potency, and safety of growing human mesenchymal stem cells in space for clinical application [J]. NPJ Microgravity, 2020, 6: 16.

[4] RAMPOLDI A, FORGHANI P, LI D, et al. Space microgravity improves proliferation of human iPSC-derived cardiomyocytes [J]. Stem Cell Reports, 2022, 17 (10): 2272-2285.

[5] LEI X H, CAO Y J, ZHANG Y, et al. Effect of microgravity on proliferation and differentiation of embryonic stem cells in an automated culturing system during the TZ-1 space mission [J]. Cell Proliferation, 2018, 51 (Suppl 1): e12466.

[6] KINGMA D P, WELLING M. Auto-encoding variational bayes [DB/OL]. (2022-12-10) [2023-06-20]. https://arxiv.org/pdf/1312.6114.pdf.

[7] TAN M K, XU S K, ZHANG S H, et al. A review on deep adversarial visual generation [J]. Journal of Image and Graphics, 2021, 26 (12): 2751-2766.

[8] GOODFELLOW I J, POUGET-ABADIE J, MIRZA M, et al. Generative adversarial nets [DB/OL]. (2014-01-10) [2023-06-20]. https://arxiv.org/pdf/1406.2661.pdf.

[9] HO J, JAIN A, ABBEEL P. Denoising diffusion probabilistic models [DB/OL]. (2020-12-16) [2023-06-20]. https://arxiv.org/pdf/2006.11239.pdf.

［10］LIU F，ZHENG L，CUI Y H，et al．Seventy years of radar and communications：the road from separation to integration［J］．IEEE Signal Processing Magazine，2023，40（5）：106–121.

［11］LIU F，CUI Y H，MASOUROS C，et al．Integrated sensing and communications：toward dual-functional wireless networks for 6G and beyond［J］．IEEE Journal on Selected Areas in Communications，2022，40（6）：1728–1767.

［12］熊一枫，刘凡，袁伟杰，等．通信感知一体化的信息理论极限［J］．中国科学：信息科学，2023，53（11）：2057–2086.

［13］XIONG Y F，LIU F，CUI Y H，et al．On the fundamental tradeoff of integrated sensing and communications under gaussian channels［J］．IEEE Transactions on Information Theory，2023，69（9）：5723–5751.

［14］LIU F，LIU Y F，LI A，et al．Cramér–Rao bound optimization for joint radar-communication beamforming［J］．IEEE Transactions on Signal Processing，2022，70：240–253.

［15］DU Z，LIU F，YUAN W J，et al．Integrated sensing and communications for V2I networks：dynamic predictive beamforming for extended vehicle targets［J］．IEEE Transactions on Wireless Communications，2023，22（6）：3612–3627.

［16］DONG F W，LIU F，CUI Y H，et al．Sensing as a service in 6G perceptive networks：a unified framework for ISAC resource allocation［J］．IEEE Transactions on Wireless Communications，2023，22（5）：3522–3536.

［17］TSE D，VISWANATH P．Fundamentals of wireless communication［M］．Cambridge：Cambridge University Press，2005.

［18］HADANI R，RAKIB S，TSATSANIS M，et al．Orthogonal time frequency space modulation［C］//2017 IEEE Wireless Communications and Networking Conference（WCNC）．San Francisco，USA：IEEE Press，2017：1–6.

［19］YUAN W J，ZOU J Q，CUI Y H，et al．Orthogonal time frequency space and predictive beamforming-enabled URLLC in vehicular networks［J］．IEEE Wireless Communications，2023，30（2）：56–62.

［20］何明，汤伟，赖俊，等．大学计算机基础［M］．南京：东南大学出版社，2015：240.

［21］王翼虎，白海燕，孟旭阳．大语言模型在图书馆参考咨询服务中的智能化实践探索［J］．情报理论与实践，2023，46（8）：96–103.

［22］HE R，SCHIERNING G，NIELSCH K．Thermoelectric devices：a review of devices，architectures，and contact optimization［J］．Advanced

Materials Technologies, 2018, 3（4）: 1700256.
[23] JIANG B B, WANG W, LIU S X, et al. High figure-of-merit and power generation in high-entropy GeTe-based thermoelectrics [J]. Science, 2022, 377（6602）: 208-213.
[24] ZHAI Y L, LI J H, SHEN S, et al. Recent advances on dual-band electrochromic materials and devices [J]. Advanced Functional Materials, 2022, 32（17）: 2109848.
[25] GRANQVIST C G, AZENS A, HJELM A, et al. Recent advances in electrochromics for smart windows applications [J]. Solar Energy, 1998, 63（4）: 199-216.
[26] YIN L, KIM K N, LV J, et al. A self-sustainable wearable multi-modular E-textile bioenergy microgrid system [J]. Nature Communications, 2021, 12（1）: 1542.
[27] LUND A, RUNDQVIST K, NISLSON E, et al. Energy harvesting textiles for a rainy day: woven piezoelectrics based on melt-spun PVDF microfibres with a conducting core [J]. npj Flexible Electronics, 2018, 2（1）: 9.
[28] ZHENG Y Y, ZHANG Q H, JIN W L, et al. Carbon nanotube yarn based thermoelectric textiles for harvesting thermal energy and powering electronics [J]. Journal of Materials Chemistry A, 2020, 8（6）: 2984-2994.
[29] HU K R. Power mutualism [EB/OL]. [2023-06-30]. https://www.jamesdysonaward.org/2021/project/power-mutualism/.
[30] AALTO UNIVERSITY. Machine-washable solar cell technology for clothing [EB/OL].（2022-05-19）[2023-06-30]. https://www.aalto.fi/en/news/researchers-developed-invisible-machine-washable-solar-cell-technology-for-clothing.
[31] CRICK F. Central dogma of molecular biology [J]. Natrue, 1970, 227（5258）: 561-563.
[32] LIEBERMAN J. Tapping the RNA world for therapeutics [J]. Nature Structural & Molecular Biology, 2018, 25（5）: 357-364.
[33] CHAUDHARY N, WEISSMAN D, WHITEHEAD K A. mRNA vaccines for infectious diseases: principles, delivery and clinical translation [J]. Nature Reviews Drug Discovery, 2021, 20（11）: 817-838.
[34] 杨健，徐小钦. 70万元一针降至3万元！天价罕见病药进医保，SMA患儿妈妈：黑漆漆的路有了光 [EB/OL].（2021-12-07）[2023-06-30]. https://new.qq.com/rain/a/20211207A0255H00.

[35] JACKSON C B, FARZAN M, CHEN B, et al. Mechanisms of SARS-CoV-2 entry into cells [J]. Nature Reviews Molecular Cell Biology, 2022, 23 (1): 3-20.

[36] KE Z L, OTON J, QU K, et al. Structures and distributions of SARS-CoV-2 spike proteins on intact virions [J]. Nature, 2020, 588 (7838): 498-502.

[37] SCHUBERT K, KAROUSIS E D, JOMAA A, et al. SARS-CoV-2 Nsp1 binds the ribosomal mRNA channel to inhibit translation [J]. Nature Structural & Molecular Biology, 2020, 27 (10): 959-966.

[38] WOLFF G, LIMPENS R W A L, ZEVENHOVEN-DOBBE J C, et al. A molecular pore spans the double membrane of the coronavirus replication organelle [J]. Science, 2020, 369 (6509): 1395-1398.

[39] GHOSH S, DELLIBOVI-RAGHEB T A, KERVIEL A, et al. β-Coronaviruses use lysosomes for egress instead of the biosynthetic secretory pathway [J]. Cell, 2020, 183 (6): 1520-1535.e14.

[40] CARSTENSEN B, READ S H, FRIIS S, et al. Cancer incidence in persons with type 1 diabetes: a five-country study of 9 000 cancers in type 1 diabetic individuals [J]. Diabetologia, 2016, 59 (5): 980-988.

[41] PAN X F, HE M A, YU C Q, et al. Type 2 diabetes and risk of incident cancer in China: a prospective study among 0.5 million Chinese adults [J]. American Journal of Epidemiology, 2018, 187 (7): 1380-1391.

[42] LIN H, YAN Y, LUO Y F, et al. IP6-assisted CSN-COP1 competition regulates a CRL4-ETV5 proteolytic checkpoint to safeguard glucose-induced insulin secretion [J]. Nature Communications, 2021, 12 (1): 2461.

[43] SU Y, LUO Y F, ZHANG P T, et al. Glucose-induced CRL4COP1-p53 axis amplifies glycometabolism to drive tumorigenesis [J]. Molecular Cell, 2023, 83 (13): 2316-2331.E7.

[44] 黄文华. 马良神笔已成真——3D打印技术与应用 [M]. 广州: 广东科技出版社, 2017.

[45] WANG Z H, WANG L, LI T, et al. 3D bioprinting in cardiac tissue engineering [J]. Theranostics, 2021, 11 (16): 7948-7969.

[46] SUMMER Z M, FOGARTY H E, LEANG C, et al. Direct exchange of electrons within aggregates of an evolved syntrophic coculture of anaerobic bacteria [J]. Science, 2010, 330 (6009): 1413-1415.

[47] ZHAO Y L, YOU S H S, ZHANG A Q, et al. Scalable ultrasmall three-dimensional nanowire transistor probes for intracellular recording [J].

Nature Nanotechnology，2019，14（8）：783–790.

[48] PFEFFER C，LARSEN S，SONG J，et al. Filamentous bacteria transport electrons over centimetre distances［J］. Nature，2012，491（7423）：218–221.

[49] BRASLAVSKY S E. Glossary of terms used in photochemistry 3rd edition（IUPAC Recommendations 2006）［J］. Pure and Applied Chemistry，2007，79（3）：293–465.

[50] KASHA M. Characterization of electronic transitions in complex molecules［J］. Discussions of the Faraday Society，1950，9：14–19.

[51] BERNARD V，MARIO N B. Molecular fluorescence：principles and applications［M］. 2nd ed. Weinheim，Germany：Wiley–VCH，2012.

[52] WAN S G，LU W. Reversible photoactivated phosphorescence of gold（I）arylethynyl complexes in aerated DMSO solutions and gels［J］. Angewandte Chemie International Edition，2017，56（7）：1784–1788.

[53] BAO R，STRASSER M，MCNICHOL A P，et al. Tectonically-triggered sediment and carbon export to the Hadal zone［J］. Nature Communications，2018，9（1）：121.

[54] MCHUGH C M，SEEBER L，RASBURY T，et al. Isotopic and sedimentary signature of megathrust ruptures along the Japan subduction margin［J］. Marine Geology，2020，428（1）：106283.

[55] KIOKA A，SCHWESTERMANN T，MOERNAUT J，et al. Megathrust earthquake drives drastic organic carbon supply to the hadal trench［J］. Scientific Reports，2019，9（1）：1553.

[56] XU Y P，GE H M，FANG J S. Biogeochemistry of hadal trenches：recent developments and future perspectives［J］. Deep Sea Research Part II：Topical Studies in Oceanography，2018，155：19–26.

[57] JAMIESON A J，BROOKS L S R，REID W D K，et al. Microplastics and synthetic particles ingested by deep-sea amphipods in six of the deepest marine ecosystems on Earth［J］. Royal Society Open Science，2019，6（2）：180667.

[58] USGS. Using distant seismometers to monitor and analyze volcanic eruptions［EB/OL］.（2022–11–30）［2023–06–30］. https://www.usgs.gov/programs/earthquake-hazards/science/using-distant-seismometers-monitor-and-analyze-volcanic.

[59] IPCC. Climate change 2021：The physical science basis［EB/OL］.［2023–06–30］. https://www.ipcc.ch/report/ar6/wg1/.

［60］JIANG L Q，CARTER B R，FEELY R A，et al. Surface ocean pH and buffer capacity：past，present and future［J］. Scientific Reports，2019，9（1）：18624.

［61］GAO K S，Gao G，WANG Y J，et al. Impacts of ocean acidification under multiple stressors on typical organisms and ecological processes［J］. Marine Life Science & Technology，2020，2（3）：279–291.

［62］方精云，柯金虎，唐志尧，等. 生物生产力的“4P”概念，估算及其相互关系［J］. 植物生态学报，2001，25（4）：414–419.

［63］PIAO S L，WANG X H，PARK T，et al. Characteristics，drivers and feedbacks of global greening［J］. Nature Reviews Earth & Environment，2020，1（1）：14–27.